U0192698

《知识就是力量》杂志社 编著

海峡出版发行集团 THE STRAITS PUBLISHING & DISTRIBUTING GROUP | 福建科学技术出版社 FUJIAN SCIENCE & TECHNOLOGY PUBLISHING HOUSE

图书在版编目（CIP）数据

我的自然科考笔记. 江山如画 /《知识就是力量》杂志社编著. —福州：福建科学技术出版社，2024.5

ISBN 978-7-5335-7228-0

Ⅰ. ①我… Ⅱ. ①知… Ⅲ. ①科学考察－中国－少儿读物 Ⅳ. ①N82-49

中国国家版本馆CIP数据核字（2024）第057464号

出 版 人 郭　武
责任编辑 李国渊　夏丹丹
装帧设计 刘　丽
责任校对 林峰光　王　钦

我的自然科考笔记：江山如画

编　　著 《知识就是力量》杂志社
出版发行 福建科学技术出版社
社　　址 福州市东水路76号（邮编350001）
网　　址 www.fjstp.com
经　　销 福建新华发行（集团）有限责任公司
印　　刷 福州德安彩色印刷有限公司
开　　本 700毫米×1000毫米　1/16
印　　张 10
字　　数 103千字
版　　次 2024年5月第1版
印　　次 2024年5月第1次印刷
书　　号 ISBN 978-7-5335-7228-0
定　　价 32.00元

书中如有印装质量问题，可直接向本社调换。

编委会

序言

感受江山如画

山川壮丽，江河蜿蜒，祖国江山美如画。

每一座山峰，都是大自然的杰作，也是岁月的见证。它们傲然屹立，宛如一座座巍峨的守望者，默默地述说着千百年来的风雨沧桑，给人以无尽的遐想与惊叹。每一条江河，都是大地的血脉，也是文明的源泉。它们蜿蜒曲折，穿越山峦，汇入大海。

大美中国，让我们心驰神往，不由得想要亲自踏足这些美景所在，亲身体验大好河山的魅力。而在茫茫的山林、江河之间，我们也会意识到自己只是自然中的一部分。这让我们懂得了保护环境、不伤害野生物种。山川河流、花草树木，都是天然的艺术品和知识宝库。在欣赏大好河山的同时，我们可以观察生态系统的运作，了解动植物的生命周期，感受季节变幻。

“天蓝水绿山青，万里绝代风华。”这片如画的祖国江山，需要我们用自己的双手守护，让它更加美丽、繁荣和富强。祖国的每一寸土地，都值得我们去呵护和珍惜，因为它承载着我们的梦想和希望，它是我们的根，我们的家园。让我们一起走进这片如画的祖国江山，感受它的美丽与力量。

这本《我的自然科考笔记：江山如画》以生态文明理念为内核，让读者在感受自然之美的同时，更深入理解环保与文明的重要性。本书还包含各种生态知识、动植物知识，并穿插了相应的人文历史知识，让自然科考读起来更加生动有趣。

此书以精美的图片和优美的文字带领读者探索祖国大好河山的绝美风景：领略九华山的云雾缭绕，探寻庐山的秀美山水，体验雅鲁藏布江的壮美奔流，仰望贡嘎山的神秘高耸，穿越长白山的神奇雪景，徜徉太行山的雄浑壮美……愿每一位读者都能通过本书身临其境地感受江山如画、生命如歌。

目录
CONTENTS

红海滩：邂逅万顷红霞

在辽宁省盘锦市的辽河入海口，有一片保存完好的大规模湿地——红海滩。这里鱼蟹肥美、稻花飘香，丹顶鹤、斑海豹等多种国家一级保护野生动物在此繁衍生息，辽河从这“红毯”里日复一日地流过。

世界红色海岸线

辽河是中国七大河流之一，东辽河和西辽河在辽宁省北部的昌图县汇合后，一路流向西南，于盘锦市附近注入渤海三大海湾之一——辽东湾的北部海域。该海域平均潮差约2.7米，水动力条件（包括水的流速、流量、水体扰动等条件）较弱。

河口附近有辽河、大辽河、大凌河三大水系，辽河和大辽河的入海径流较大，河流携带的大量泥沙在河口区堆积，形成了多个浅滩，并伴有广大的潮间带（高潮位与低潮位之间的岸滩）区域。

红海滩与辽河入海口

辽河水系示意图

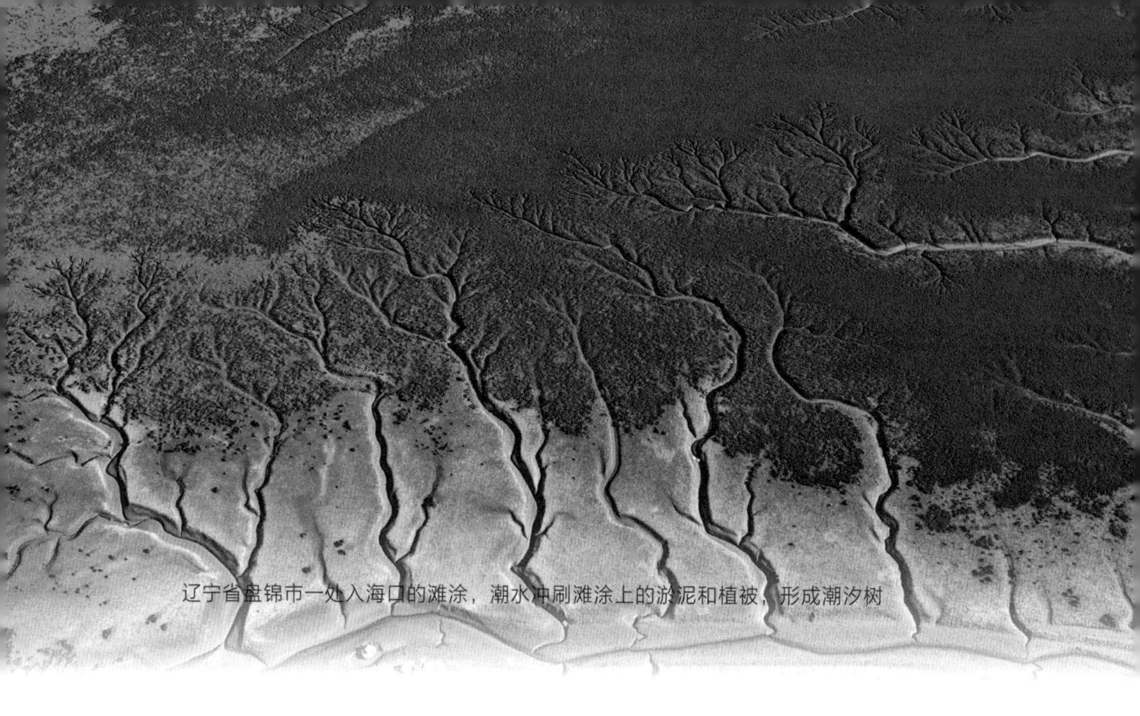
辽宁省盘锦市一处入海口的滩涂，潮水冲刷滩涂上的淤泥和植被，形成潮汐树

河口区形成的泥质海岸盐碱丰富，有机质含量高，适宜盐沼植被生长。由于盐地碱蓬、芦苇等植物具有良好的抗盐性，并对辽河口潮滩的泥质、气候等条件具有良好的适应性，因此成为该区域的优势植被群落。

辽河将河口分成东西两岸。东侧海岸有 18 余千米的防潮海堤，像一条蜿蜒的长龙。一簇簇碱蓬被众多树枝状的潮沟水系环绕，组成了一条红色海岸线。

红海滩的红色“染料”

红海滩之所以看上去是红色的，并不是因为沙滩和土壤呈红色，而是因为在辽河入海口两侧的滩涂上，生长着一种独特的潮间带盐沼植物——盐地碱蓬。

盐地碱蓬属一年生草本植物，是红海滩的优势盐沼植被，也是一种优质蔬菜和油料作物，可以鲜吃，也可以晒干贮藏。盐地碱蓬每年 2 ~ 3 月发芽，8 月中旬开出艳丽的黄色小花，11 月种子成熟，完成整个生长过程。盐地碱蓬植株上的紫红色椭圆形果实，如一顶顶小灯笼，在阳光的照射下晶莹剔透。它于秋天落在盐碱地上，第二年春天发芽并长出新的植株。

盐地碱蓬生长初期为绿色，随着时间的流逝，它在潮水的浸润下慢慢变红，到了 8 月红得更加浓烈。盐地碱蓬的颜色和土壤含盐量密切相关，土壤含盐量在 4 克 / 千克 ~ 10 克 / 千克时，生长的盐地碱蓬是绿色的；含盐量超过 10 克 / 千克时，盐地碱蓬由绿色变为红色；当含盐量大于 16 克 / 千克时，盐地碱蓬的生长受到抑制，开始枯黄、死亡。

中国其他地区也有盐地碱蓬生长，但只在辽河口出现由绿变红的现象。这是因为盐地碱蓬中的叶绿素被盐碱破坏，显现出红色的花青素。河口淡水和海水盐地的周期性交替，诞生了“浅海水域 – 裸滩 – 盐地碱蓬群落 – 盐地碱蓬芦苇群落 – 芦苇群落”的自然景观格局，形成了由海洋向陆地、红绿分明的带状分布。

盐地碱蓬植物群落的分布特征与其淹水时间、淡水入流形成的盐度梯度、营养供给等环境因素密切相关。自然条件对碱蓬植物群落的演替兴衰也有较大影响，例如海平面上升、降水与蒸发变化等。也有研究发现，在滨海湿地群落中，海洋生物、微生物等生物因素对盐沼植被的生长也有重要影响。

湿地——“地球之肾”

辽河口的滨海湿地位于海陆交会区域，属于沿海滩涂湿地类型中的一种，受潮水与咸淡水周期性淹没的影响，具有开放性、复杂性、复合生态性等特征，湿地盐沼植物－水－地貌－生物－气候等多种因素相互作用明显。

湿地的生长发育受河流入海径流量和输沙量影响较大，也与人类活动紧密相关，近海海洋工程与养殖池塘建设、近海环境污染等都会改变湿地的面貌。

湿地被称为“地球之肾”，辽河口红海滩作为盐地碱蓬湿地的典型代表，固碳能力远超陆地和海洋，是应对全球气候变化的重要缓冲区。红海滩是许多海洋生物及其他野生动物的栖息地和繁殖地，也是众多候鸟迁徙的“中转站”；红海滩可降解海水中的污染物，

丹顶鹤（国家一级保护野生动物，已被列入《世界自然保护联盟濒危物种红色名录》，为濒危等级）

是天然的污水处理厂，还可维护生物多样性，具有固滩护堤等生态功能。

东亚－澳大利西亚（地理概念，包括澳大利亚、新西兰以及周边部分岛屿）迁飞区是世界上 9 条主要的候鸟迁徙路线之一，全球 43％的候鸟在此迁飞，而辽河口的湿地区域是这条迁飞路线的关键组成部分。这里不仅是国家一级保护野生动物黑嘴鸥在世界上种群

黑嘴鸥（国家一级保护野生动物，已被列入《世界自然保护联盟濒危物种红色名录》，为易危等级）

数量最大的栖息地和繁殖地，也是国家一级保护野生动物丹顶鹤自然繁殖地的最南限和越冬地的最北限；全球斑海豹只有 8 个繁殖区，辽宁省盘山县三道沟海域则是其在中国唯一的产仔地。

红海滩不仅是调节环境气候的重要区域，还是多种野生动物的家园。让我们走进“红色海洋”，看一望无际的盐地碱蓬连海接天，炽烈如火；看动物们嬉戏、栖息、觅食、飞翔。

文 / 张明亮

种子成熟的盐地碱蓬（供图 / 张明亮）

延伸阅读

爱“吃”盐的植物

盐地碱蓬是一种优质的一年生“吃盐”植物，它不仅可以生长于滩涂之上，还可以用来治理耕地。盐地碱蓬、野榆钱菠菜、盐角草等盐生植物把盐从土壤中吸收后，人们再把这些植物从地上移走，盐分就被它们从土壤中带走了，这就是利用“吃盐”植物改良盐碱地的原理。在新疆、宁夏等地，一些原本寸草不生的盐碱地，正是通过这种生物改良技术逐步变成正常耕地的。

除了把盐从盐碱地里“吸走”，“吃盐”植物本身也是个宝。例如盐地碱蓬，它的含盐量在27%，人们将它作为蔬菜烹饪时根本不用加盐（盐地碱蓬被用作食材是有条件的，请勿随意采摘、食用）。另外，这些“吃盐”植物不仅含盐，还富含硒（人体必需的微量元素之一）和甜菜碱（广泛存在于动植物体内的一种生物碱），因此能够作为重要成分进行饲料掺配。

庐山：匡庐奇秀 甲天下山

唐代诗人白居易在《庐山草堂记》一诗中这样评价庐山——“匡庐奇秀，甲天下山。”意思是：庐山的风景，秀丽至极，简直是天下诸山的冠军。

庐山位于江西省九江市南36千米处，地处长江南岸，鄱阳湖西畔，是长江中下游大平原上的“生态交汇岛”，也是候鸟迁徙路线上重要的越冬地、停歇地和“导航塔”。

历时千万年造就的庐山地貌景观

庐山是一座地垒式断块山（地壳沿两条或多条断裂隆起形成的山，凹下去的部分形成了地堑，地垒形成山谷或盆地），整个山体南北长约 25 千米，东西宽约 15 千米，山体面积约 302 平方千米，海拔 25 ~ 1474 米。自古命名的山峰有 171 座，主峰汉阳峰海拔高达 14/4 米。

庐山如今的地貌景观，已不仅仅是单纯的断块作用形成的，而是在断块作用的基础上叠加冰川作用（指冰川运动对地壳表面的改变作用，包括冰川的侵蚀、搬运和堆积作用）和流水作用（指流水对地表岩石和土壤进行侵蚀，搬运地表松散物质和它侵蚀的物质以及水溶解的物质，最后由于流水动能的减弱又使其搬运的物质沉积下来的作用）形成的复合地貌。

庐山的形成大概分为 4 个时期：在晚白垩纪（距今 6500 万年），古鄱阳湖形成的同时，形成了庐山断块山的雏形；到了古近纪至新

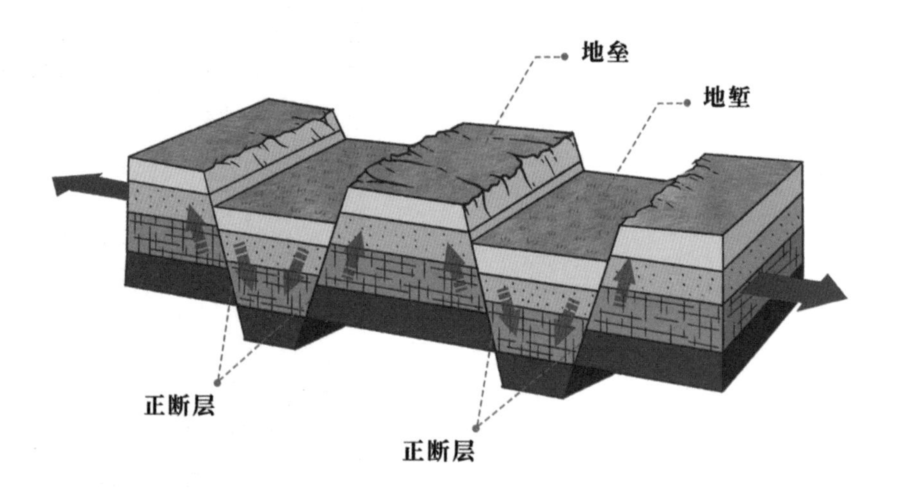

正断层控制形成的地垒和地堑示意图（制图 / 脚爬客）

近纪（距今 6500 万～ 258 万年），喜马拉雅运动形成了雄伟峻峭的庐山断块山；在第四纪（距今 258 万年），庐山地区出现过 4 次冰期，冰川的侵蚀作用进一步塑造了庐山地貌，形成了冰蚀地貌景观——刃脊、冰斗、冰窖、U 形谷、角峰等；而近 1 万年来，由于庐山雨量充沛、水系发达，强烈的流水侵蚀作用对庐山断块山构造地貌及冰蚀地貌进行了改造，最终形成了如今的庐山地貌景观。

云雾缭绕的避暑胜地

庐山当地的气候具有春迟、夏短、秋早、冬长的特点，各处山峰海拔多在 1000 米以上，加上江环湖绕、树林密布，湿润气流在

庐山锦绣谷云雾（摄影 / 郭庆山）

前进中受到山地阻挡，易成云致雨。因此，夏季山上平均气温只有22.6 摄氏度左右，成为华东少有的避暑胜地。

同时，这一气候特点也造就了庐山云雾，全年平均有雾日达192 天，这给庐山增添了几分神秘。

“中国第四纪冰川”学说的诞生地

1931 年，地质学家李四光在庐山进行了详尽的野外科学考察，提出了中国东部第四纪冰川的学说， 1947 年正式发表《冰期之庐山》专著，从而使庐山成为“中国第四纪冰川”学说的诞生地。

该学说认为，在第四纪大冰期，庐山地区至少经历过 3 ～ 4 次亚冰期，严寒的气候使得冰川广布。在每个 10 万年左右的亚冰期之间，还有着数个间冰期。长期以来的冰川作用对庐山的地貌形态产生了极为重要的影响，形成了大量冰川地貌。

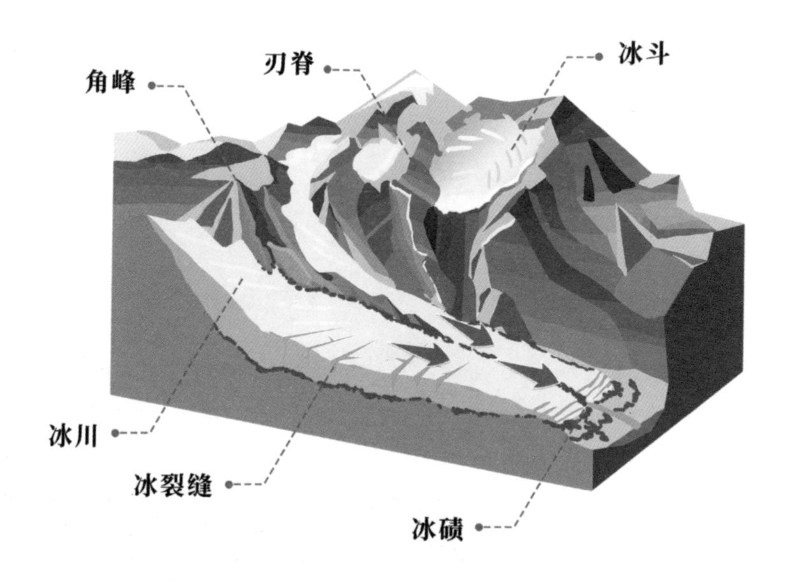

冰川地貌示意图（制图 / 脚爬客）

迄今为止，庐山共发现了 100 余处重要冰川地质遗迹，它们完整记录了冰雪堆积、冰川形成、冰川运动、侵蚀岩体、搬运岩石、沉积泥砾的全过程，这为研究中国东部古气候变化和地质特征提供了重要依据。

“飞流直下三千尺，疑是银河落九天”

提起庐山瀑布，不禁让人想起李白的《望庐山瀑布》一诗：“日照香炉生紫烟，遥看瀑布挂前川。飞流直下三千尺，疑是银河落九天。”庐山的瀑布被称为“天下三奇之一”，以水量大、落差大、瀑布多闻名于世。在地质构造影响下，庐山的河流流向与构造走向一致，主要为北东－南西向，少数为南东－北西向。

随着溯源侵蚀作用（即流水向沟谷源头侵蚀）不断加强，侵蚀面不断后退，转折点坡度变大，水流到此便会形成跌水，也就是瀑布，例如三叠泉瀑布、大口瀑布等。

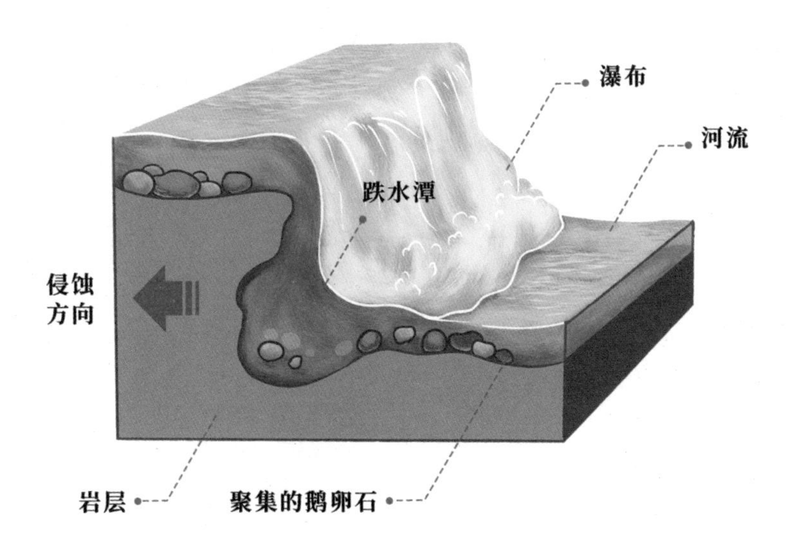

溯源侵蚀与瀑布的形成示意图（制图／脚爬客）

三叠泉瀑布（摄影／殷锡翔）

庐山——植物王国

庐山素有“植物王国”的美称，湿润的气候，充沛的降水，造就了庐山植物的多样性，满山郁郁葱葱的树木，形成了大片的森林。

庐山在“中国植被区划”上虽属于亚热带常绿阔叶林区，但是在植被上表现出亚热带常绿阔叶林向暖温带落叶阔叶林过渡的特征。从鄱阳湖底到山顶依次划分为：沉水植物带、浮叶植物带、挺水植物带、湿生植物带、亚热带常绿阔叶林、山地暖温带常绿 + 落叶阔叶混交林、山地温带落叶阔叶 + 针叶混交林 + 灌木林。

庐山特有种植物——时珍淫羊藿（摄影 / 宗道生）

庐山分布有野生高等植物2475种，首次在庐山发现或以庐山（牯岭）命名的主要植物有40种。同时，庐山特有种植物有庐山景天、庐山相似铁角蕨、庐山川续断、庐山茶秆竹、庐山玉山竹和时珍淫羊藿6种。

野生动物的天然“避难所”

庐山是位于广袤的长江中下游大平原中心的独立山体，是大平原上野生动物的天然“避难所”。

庐山已查明有野生陆生脊椎动物364种，其中，珍稀野生动物120余种，国家重点保护野生动物38种。而且，庐山昆虫种类繁多，有2000余种，首次在庐山发现或以庐山（牯岭）命名的昆虫就有近40种。

“无限风光在险峰”。庐山，它穿越千万年走来，在地质运动与时代变迁中，形成了奇秀的自然景观和深厚的文化底蕴，有机会不妨去亲身感受一下庐山的云雾、山川吧！

文／曾莉

延伸阅读

喜马拉雅运动是发生在新生代的最年轻的造山运动。这一造山运动因首先在喜马拉雅山区确定而得名，主要特征包括造山运动、断裂运动和岩浆活动。

雅鲁藏布江：『天河』之水哪里来

“君不见，黄河之水天上来……”尽管有李白的千古名句描绘，黄河却并没有“天河”之名。而真正得其名的却是位于青藏高原南部的雅鲁藏布江，雅鲁藏布江在藏语中意为“从最高顶峰流下来的水”，雅鲁藏布江流淌于平均海拔4000米以上的河床，是世界上海拔最高的国际性河流之一。“天河”之名实至名归。

初相识：你有几宗“最”

初识雅鲁藏布江感叹其之最。

发源于喜马拉雅山脉中段北麓杰马央宗冰川的雅鲁藏布江，从冰川末端至里孜为上游，称为马泉河，为高寒河谷地带；里孜至派镇为中游，河谷宽阔，气候温和，支流众多；派镇到巴昔卡为下游。雅鲁藏布江在巴昔卡出境，流入印度被称为布拉马普特拉河，再进入孟加拉国被称为贾木纳河，它与恒河相会，最终汇入印度洋的孟加拉湾，形成世界上最大的三角洲——恒河三角洲。

雅鲁藏布江在中国境内长 2057 千米，流域面积为 24 万平方千米。论长度，它是中国最长的高原河流，全国第五大河；论面积，它位居全国第六。雅鲁藏布江流域内海拔差异大，西高东低，东南部最低，是中国坡降最陡的河流。它自西向东横贯青藏高原南部，绕过喜马拉雅山脉最东端的南迦巴瓦峰后，再向南流，形状呈“U”字形，而这便是世界第一大峡谷——雅鲁藏布大峡谷。

西藏自治区墨脱雅鲁藏布大峡谷风光

渐相知：一谷当关豁开圣境

渐相知，惊异于其一谷当关撕开的自然圣境。

雅鲁藏布大峡谷全长505千米，平均深度为2268米，最深处达6009米，是世界上最深、最长的大峡谷。根据科学考察得到的结论，雅鲁藏布大峡谷是喜马拉雅运动和江水的冲刷形成的。这个大峡谷，使得来自印度洋的暖湿气流沿着河谷源源不断地输送到原本寒冷干燥的青藏高原内部，成为青藏高原上最大的水汽通道。雅鲁藏布江流域主要位于亚热带区域，属印度洋季风区，而喜马拉雅山脉将青藏高原与印度洋隔离开来，雅鲁藏布大峡谷就像喜马拉雅山脉上的一个大豁口。雅鲁藏布大峡谷的水汽输送强度与夏季长江自南向北输送的水汽强度相当，对高原内部气候和大气环流影响重大。

一河跨多气候带　农林牧副资源强

受印度洋暖湿气流和复杂地形影响，雅鲁藏布江的水文气象特征在上、中、下游区域变化明显。

上游属高原寒温带半干旱气候，年降雨量小于300毫米，主要集中在6～9月，平均气温为0～3摄氏度，冬季尤其寒冷。这里人烟稀少，分布着数量众多、面积不一的湿地。植被以草甸为主，是良好的牧场，茫茫草地是藏羚羊、牦牛等动物的乐园，这里是青藏高原重要的畜牧业产区。

中游属高原温带半干旱气候，年降雨量在300～600毫米，年均气温为5～9摄氏度。河谷地区开阔，集中了雅鲁藏布江的几条主要支流，如年楚河、拉萨河、尼洋河等，是西藏自治区著名的“一江三河”地区。这些巨大的支流不但提供了丰富的水量，且冲刷造就了宽广的平原，为农业提供了肥沃的土地。该区域主要以种植青稞、小麦和豌豆等的农耕地为主，是西藏自治区最早掌握垦荒种地、水力灌溉、烧制陶器等技术的地区，产生过西藏自治区历史上许多项“第一”。

下游则为山地亚热带和热带气候，高温多雨，年降雨量接近2000 毫米。因雅鲁藏布大峡谷水汽通道的作用，沿雅鲁藏布江河谷形成了巨大的降水带，一直向北延伸到念青唐古拉山南麓的嘉黎一带。其中，巴昔卡附近年降水量超过 4000 毫米，个别地区达到5000 毫米，是中国大陆降水量最大的区域。该地区适合树木生长，林业资源丰富，种植着水稻、玉米、茶叶和各类瓜果、蔬菜。良好的气象条件、丰富的水资源，为雅鲁藏布峡谷下游地区的发展提供了重要的自然保障，促进了这一地区经济的飞速发展。

雅鲁藏布江与尼洋河汇流

珍稀动植物的“天堂”

绿绒蒿

雅鲁藏布大峡谷生态系统种类繁多、复杂多样，包含从低河谷热带季风雨林带到极地寒冬带的世界上最齐全、最完整的垂直自然带。森林资源丰富，是西藏自治区主要的森林分布区和用材林基地。资料显示，雅鲁藏布大峡谷现已发现 3700 多种高等植物，约占西藏自治区植物总种类数的 2/3，除此之外，还有苔藓植物 512 种，大型真菌 686 种。其中，目前被国家列为重点保护对象的珍稀、濒危植物达 27 种之多。不仅如此，它还保留了大量古老的物种，占整个青藏高原的 60% 以上，如有“活化石”之称的墨脱缺翅虫等。

有“活化石”之称的墨脱缺翅虫

藏原羚

雅鲁藏布大峡谷不但是动植物的重要栖息地，还为喜马拉雅山南北两侧的生物交往提供了重要通道，促进了山脉两翼生物界的交流；同时对新生、古老和迁移的物种起到了保护作用。雅鲁藏布大峡谷既是生物物种分化变异的一个重要中心，也是青藏高原上生物种类最丰富的地区。

羚牛

竟难忘：建坝为鱼留通道

难忘的是当地为了保护生态做出的努力。

地势高、落差大，拥有丰富水能资源的雅鲁藏布江非常适合修建水坝，拦洪蓄水，同时保护生态环境。

藏木水电站是西藏自治区第一座大型水电站。它的建成在很大程度上缓解了西藏自治区用电紧缺的问题，提高了当地的经济生产能力和人民的生活质量。同时，它对推进藏电外送、加快中国西南地区水电大开发也具有重要意义。

藏木水电站位于西藏自治区山南市加查县拉绥乡藏木村境内，地处雅鲁藏布江中游桑日至加查峡谷段出口处，距西藏自治区首府拉萨市直线距离约 140 千米。该地区地质结构稳定，人烟稀少，且

藏木水电站

处于峡谷地带，是建造水电站的理想位置。水电站在建造过程中不仅考虑到了流域水生态环境安全，还考虑到了鱼类生存状况，充分论证了对下游地区的防洪及生态安全的影响。

例如，为了减缓大坝对洄游鱼类的影响，水电站特别给鱼类建成了一条专属“鱼道”，这条长约 3.6 千米、净宽 2.4 米的通道，为大坝上下游鱼类交配和繁殖提供了交通要道。另外，大坝还建设了太阳能光热系统、污水处理厂、垃圾回收站等生态环保设施，最大程度减小水电站对周围生态环境带来的影响。

“地上天河”雅鲁藏布江，水自高原来，奔流出山脉。它发源于“世界屋脊”，冲出世界海拔最高的山脉奔流入海。它不仅给当地带来了丰富的水资源，更滋养了繁衍生息于此的藏族人民。如今，这条“地上天河”担负着中国藏南及其下游国家和地区的人民生产、生活用水和生态安全的重任。

文 / 缪月　王爱慧

雅鲁藏布江水量充沛，年径流量达 1661 亿立方米，仅次于长江和珠江；雅鲁藏布大峡谷落差大，水能资源约 7000 万千瓦，约占整个雅鲁藏布江天然水能蕴藏量的 2/3。其干流与五大支流（多雄藏布、年楚河、拉萨河、尼洋河、帕隆藏布）的天然水能蕴藏量近 1 亿千瓦，仅次于长江流域，居中国第二位。

雅鲁藏布江流域内冰川面积约 11826 平方千米。中上游为大陆型冰川（也称冷冰川），这是在大陆性气候条件下，成冰过程以渗浸冻结成冰作用为主发育的冰川；下游为海洋型冰川（也称温冰川），它的冰温相对较高，主要靠丰沛的固态降水发育而成。其中，卡钦冰川是中国最大的温冰川，长约 33 千米，面积约 172 平方千米。这些冰川融水为流域内河流和湖泊提供了重要补充。雅鲁藏布江流域径流由降水、地下水和冰川融水组成，年际变化较小，年内分配不均匀。丰水期在 6~9 月，占年径流总量的 70% 以上。上游年径流深不足 100 毫米，中下游年径流深较大，尤其是下游地区巴昔卡一带的年径流深可达 3000 毫米以上。

西藏自治区波密米堆冰川为海洋型冰川

青藏高原：去看『世界屋脊』上的奇妙蘑菇

青藏高原，位于中国西部，是世界上海拔最高的高原，平均海拔超3000米，因此被称为“世界屋脊”。独特的地理位置和特殊的气候条件，使得青藏高原的生物多样性极为丰富，其中包括一些奇妙的蘑菇。

蘑菇，也叫大型真菌，是一类肉眼可见、手可触摸的真菌。它们有着多种多样的形态和功能，有些可食用，有些可药用，有些有剧毒，有些能使人致幻。

蘑菇分布范围广泛，从热带雨林到寒带冰原，几乎无处不在。而在青藏高原这样一个高海拔、气候干燥且辐射强烈的地区，蘑菇也展现出了惊人的适应能力和生存策略。

本文将介绍 3 种青藏高原上常见的蘑菇——灰盖蜡伞、黄褐鹅膏和喜马拉雅假齿菌，它们都有自己的特征和故事，让我们一起来了解一下吧！

在青藏高原上，早晨的云雾会将山分成明显的 3 层，我们采蘑菇的地方通常在山体最底层的云冷杉林中

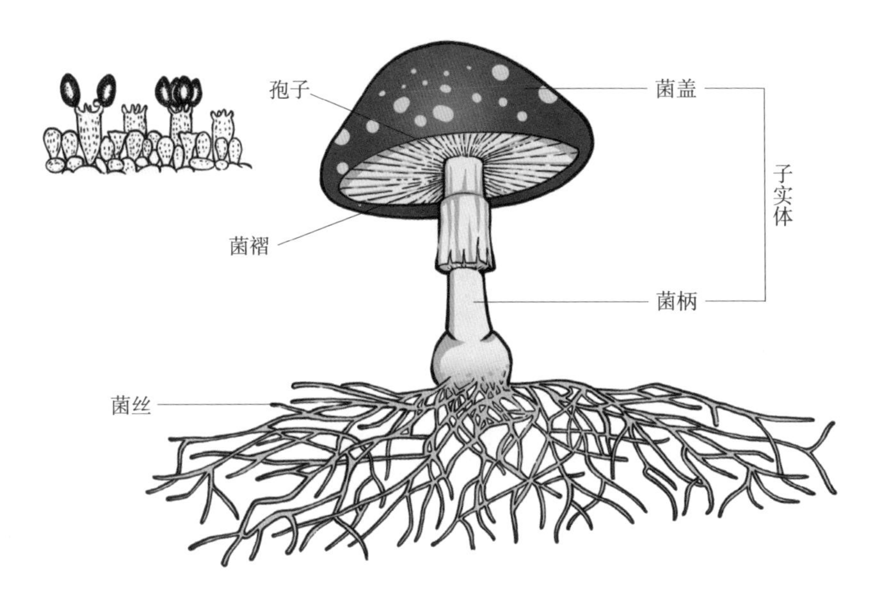

蘑菇结构示意图（绘图 / 飞飞）

灰盖蜡伞：高原上的“黏蚊板”

提到捕食，大多数人会认为这是动物的专属能力，少数人也会想到猪笼草、狸藻等食虫植物。但你知道吗？蘑菇也有捕食功能，而且方式多种多样。例如，我们日常食用的平菇等蘑菇，可以利用菌丝上的套索捕食线虫。研究人员已经发现，真菌的菌丝可以分泌某些物质吸引线虫，也可以感受线虫的分泌物产生套索。

在青藏高原，我发现了一种更神奇的捕食蘑菇。2019 年，在青藏高原第二次科学考察途中，我在林芝市的一片森林中见到了一种蜡伞属的蘑菇，它的菌盖呈灰色，附有一层很黏的黏液。这个蘑菇的盖表如同一块黏蚊板，上面黏满了昆虫，包括蚊、蝇、蜂等多个种类，一共有 37 只；旁边幼小的子实体上也黏附着 2 只蚊类，可见这并非偶然现象。

虽然知道蘑菇的菌丝可以捕食线虫，但这还是我第一次见到蘑菇菌盖捕捉昆虫，在全球的记录中也仅有一例黏小菇捕捉害虫（蚊子）的记录。返回实验室后，我鉴定出这个蘑菇叫作灰盖蜡伞

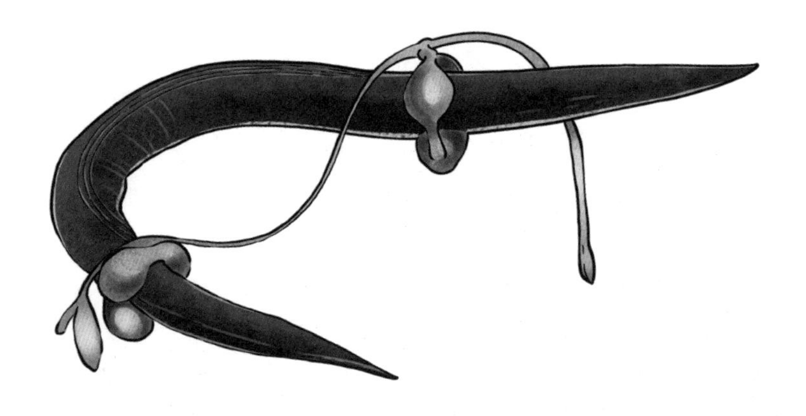

平菇用菌丝捕捉线虫（绘图 / 飞飞）

灰盖蜡伞的盖表黏附了蚊、蝇、蜂等不同种类的昆虫，共37只

灰盖蜡伞生境（生物的个体、种群或群落生活地域的环境）图

（*Hygrophorus griseodiscus*），遗憾的是，文献中并没有关于此物种菌盖黏附蚊蝇的记录。

灰盖蜡伞为什么会黏附捕捉昆虫？它是为了获取额外的氮元素，还是为了防止昆虫的取食，或者有其他原因？这个问题的答案还有待进一步研究和探索。不过，可以肯定的是，这种独特的捕捉蚊蝇的方式，一定有助于灰盖蜡伞在原始森林中生存。

黄褐鹅膏：大树下的“鹅蛋”

提到有毒的蘑菇，许多人的固有印象是“越鲜艳的蘑菇越有毒”；对蘑菇有一定了解的人会以为穿“三件套”的蘑菇大多有剧毒，即头上戴帽子、腰间套裙子、脚上穿袜子，因为“三件套”是剧毒蘑菇家族——鹅膏属的典型特征，此属盛产毒蘑菇，因误食毒蘑菇死亡的案例，近90%都是由此属成员造成的。

然而，任何事情都不是绝对的，在中国西南地区就生长着既鲜艳又身着“三件套”的鹅膏属的家族成员——黄褐鹅膏（*Amanita ochracea*）。这种蘑菇不仅无毒，而且美味可口，是青藏高原上的

黄褐鹅膏幼嫩的子实体，外形酷似鹅蛋

黄褐鹅膏生境图

一道佳肴。

黄褐鹅膏幼时，内部为橙红色，形似蛋黄；外部是一层白色的外菌幕，如同蛋壳；整体有拳头大小，酷似一颗巨大的鹅蛋，因此被当地人形象地称为“鹅蛋菌”或“鸡蛋菌”。

鹅蛋菌在中国主要分布在云南、西藏、四川等地海拔3000米左右的森林里。作为外生菌根菌（许多大型真菌和高等植物的根系形成共生关系，被称为外生菌根），黄褐鹅膏需要与云杉、冷杉、高山松等大树“合作”，为大树提供水分、无机盐等物质；作为回报，大树会为黄褐鹅膏提供碳水化合物。

与鹅膏属“毒倒四方”的江湖传闻不符，黄褐鹅膏不仅无毒，反而甜爽美味。它深受当地人喜爱，夏秋季时常有人在路边售卖。古籍《菌谱》中记载：“生高山，状类鹅子，久乃撒开，味殊甘滑，不谢稠膏。”意思是，它生长在高山上，形状像鹅蛋，时间久了就会张开伞，味道甜而爽滑，味道不比稠膏菌差。

但是，不建议大家自行采食黄褐鹅膏——身着“三件套”的蘑菇非常多，颜色又十分接近，例如在中国西南地区十分常见的黄盖鹅膏（*Amanita subjunquillea*）有剧毒，一小朵便足以让一个成年人丧命。若是识菇经验不足，哪怕一锅中混入一朵，也可能会造成无法挽回的结果。

喜马拉雅假齿菌：长“牙齿”的木耳

在担子菌（有性繁殖产生担子，在担子上形成有性孢子的真菌类群）中，能够形成果冻状子实体的蘑菇主要分布在3个主要的目中：木耳目（*Auriculariales*）、银耳目（*Tremellomycetes*）和花耳目（*Dacrymycetes*），它们虽然属于不同的家族，却都趋同性地具有果冻状的特征。这是因为果冻状蘑菇的菌丝具有很好的收缩性——在漫长的旱季，细胞可以收缩成薄而坚固的薄片休眠，从而保护自己；在水分充足时，细胞可以吸水膨大，直至长成果冻状，从而保存足够的水分。这些细胞可以反复失水、吸水，在每个雨季到来时，都可以起到扩散孢子的作用。

喜马拉雅假齿菌（*Pseudohydnum himalayanum*）就是属于木耳目的一种果冻状真菌。与我们熟悉的木耳不同，喜马拉雅假齿菌的背面生长着参差不齐的“牙齿”，这些“牙齿”呈白色或淡黄色，

喜马拉雅假齿菌和木耳是近亲，可以说是带刺的木耳。蘑菇背面牙齿状结构上有用于繁殖的孢子，可以帮助子实体吸收水分

长度从几毫米到 1 厘米不等，或密集或稀疏地分布。

喜马拉雅假齿菌的“牙齿”是一种特殊的孢子器官，其作用是承载用于繁殖的孢子，并在水分充足时，将孢子从“牙齿”的顶端释放出来，随风散播到其他地方。此外，这些“牙齿”还有扩大表面积和从空气中吸收水分的作用。由此可见，蘑菇为了适应干旱的环境有不少“发明创造”。

喜马拉雅假齿菌对重金属和放射性物质都很敏感，一旦环境被污染，它的生长就会受到影响，因此可以作为生物指示剂，用来监测环境的污染程度。

通过认识灰盖蜡伞、黄褐鹅膏和喜马拉雅假齿菌这 3 种青藏高原上常见的蘑菇，我们可以发现，蘑菇是一种非常奇妙的生物，它们有着各自的适应能力和生存策略。在青藏高原这样的极端环境中，蘑菇展现出了惊人的多样性和创造性。当然，青藏高原上的蘑菇还有很多，也有很多未知的领域等待我们去探索和发现，希望这篇文章能够激发你对蘑菇的兴趣，也希望你能够在未来有机会去青藏高原上观赏这些奇妙的蘑菇！

图文 / 王庚申

延伸阅读

小动物们的“自助餐厅”

蜗牛是蘑菇的忠实爱好者，牛肝菌、鬼伞甚至是幼嫩的多孔菌上都能见到它们的身影！它们食量不大，不会把蘑菇整个吃掉，通常只能吃几片菌褶或是在菌盖上啃出个缺口。

蛞蝓、笄蛭甚至是蕈蚊的幼虫也都是蘑菇的取食者，它们的共同特点都是身体表面非常湿润、喜欢在下雨天活动。

正在啃食蘑菇的小蜗牛

正在吃牛肝菌的笄蛭

正在吃白小鬼伞的小蜗牛

博格达峰：雪莲盛开的地方

飞机即将在新疆维吾尔自治区乌鲁木齐机场降落时，在飞机的左前方，一片绵延的雪峰之上，浮现出一座更加雄伟的大山。

那巍峨雪山，三峰并列，像一只张开的巨掌，直指苍穹。

是的，博格达峰到了！

走近神山

站在海拔 3540 米的登山大本营营地，眺望并立的三峰，中间的那座看起来比两边的略微高一点点。中峰海拔 5445 米，是博格达群峰的最高点，也是天山山脉东段的最高点。3 座雪峰肩连着肩，几乎分不出彼此地紧紧依偎而立，像一座拔地而起的巨大山墙；又像一个从天而降的巨型笔架，被无形的大手端端摆在茫茫冰川和雪岭之上。

在雪山中，5000 多米的海拔算不上是一个让人心跳的数字。但站立在磅礴伟岸的博格达峰脚下，周边似乎有着强大的气场，似有阵阵仙气，扑面而来，萦绕四周。

天山，是世界七大山系之一，巨大的山系中有着数不清的高山，博格达峰的海拔高度仅能排第三。

浩翰银河全拱之下的博格达群峰

日出时刻，博格达峰顶飘荡着瑰丽的粉红色帽子云

然而，博格达峰的名气却远在诸峰之上。为什么呢？

天山，这座世界上距离海洋最远的山系被古人认为是“通天之山”。“天山”，这个名字准确表达了古人对这个绵延 2500 千米的巨大山系的无限想象。而气势磅礴、直插云天的天山主峰博格达峰自然被视为“人天对话”的接口，是人与上天交换眼神的神灵之窗。

博格达峰早在数千年前就开始被人类顶礼膜拜。古代西域的游牧民族在征战中，把博格达峰上的石头当作打击敌人、无往不胜的神器。元代道教宗师丘处机奉元太祖成吉思汗之诏，跋涉万里、远赴西域。西行途中路过博格达峰，他仰望闪耀着银色寒光的雪岭三峰，激情赋诗《宿轮台东南望阴山》：“三峰并起插云寒，四壁横陈绕涧盘”，道尽博格达峰其形之险峻、势之雄壮。清代乾隆皇帝更是派出戍边重臣上山祭拜，亲撰祭文感谢博格达护佑疆土，“永镇西陲”。

灿于山巅的雪莲

来到博格达峰，当然要找寻神山上的圣物——雪莲。

在上山的路上，我一遍遍设想着与雪莲初遇的情景。没想到，正在机械地一步步往上爬时，听到向导大喊：“雪莲！”顿时“炸”醒了所有的人！同伴们兴奋地“哇、哇”叫着，奔向雪莲——那是一朵青涩的、含苞待放的花。而我对雪莲的第一印象是：哦？怎么像一颗青绿色的圆白菜！

能见到雪山、银河、雪莲同框实属不易，雪莲花朵连带叶子是很大的一蓬，全开的雪莲直径超过 25 厘米

雪莲，菊科凤毛菊属多年生草本植物，只盛开在海拔 3500 米到 3800 米的高寒之地。层叠的白绿色花瓣之下，紧实地包裹着一颗硕大的、圆球形状的紫色花心。如此大朵的鲜花居然开在石头上：在悬崖陡壁之上、冰碛岩缝之中，雪莲从石头的间隙里，努力地探出身子，迎向风、光和水。

雪莲生长的环境极其恶劣。在严寒缺氧的条件之下，雪莲坚强地发芽、成长、绽放，从发芽到开花需要五六年的时间，其间要经历无数个漫长极寒的白天和夜晚，最终，在她生命的盛夏绽放短短的两个月。

高山牧人视雪莲花为圣洁的神物，相信路遇雪莲是吉祥如意的征兆。牧人和有幸亲睹雪莲风采的游人，无不怀着对圣洁之物的虔诚和敬畏，膜拜她的神采，再带着满足和感恩的心与她道别，留她在亘古的宁静中。如果你有机会与雪莲相遇，一定不要打扰她啊！

在博格达峰方圆十几千米的范围内，排列着 6 座 5000 米以上的高峰。从地形图上发现，不同走向的雪峰彼此重叠交错着。我不禁遐想，如果能飞到千米高空，从正上方俯视博格达群峰，博格达群峰会不会像一簇开放的雪莲花？

花丛中的“一日四季”

就像“秦岭－淮河线”基本划分了中国的南方北方一样，天山也是新疆的“地理界线”。山北是牧场、草原和森林，山南则是沙漠和绿洲。山北世代游牧，山南则以农耕文明为主。

博格达群峰周围分布有超过 100 条冰川。盛夏季节，冰雪融水滔滔而下，汇成 30 多条大小河流，浇灌着山麓沃野。

山谷里遍地怒放的野花

毛建草

行走在博格达峰，一日可以见到四季之景。从山脚下干旱炎热的荒漠，走进凉爽的草原、森林、草甸，再往上就到了寒冷的雪线冰川。丰富的植被在垂直方向上依次展开，自下而上可以依次看到河谷落叶阔叶林、山地草原带、山地针叶林带、亚高山草甸带、高山草甸带和高山垫状植被带。

从海拔 2000 米左右的高山草原继续向上行进，植被逐渐稀疏，待进入 3500 米和 3800 米之间的高山垫状植被带，只剩下小灌木和垫状多年生草本植物群落。这里除了雪莲外，还盛放着五彩缤纷的奇花异草。

雪莲花在其他奇花异草的簇拥下盛放

高山紫苑

乱石坡上绽放着一簇簇艳丽的紫蓝色花朵，像高山之巅的蓝色精灵，还有一股股浓郁的药香气，它叫毛建草。那紫粉色、像小雏菊一样的花的学名叫高山紫菀，星星点点撒在山野之间。

山谷里遍地怒放的山花，芳香馥郁，让人明白博格达峰四周缭绕飘荡的仙气究竟来自何处。而这冰雪中的夏天，则让我们更加感叹大自然的神奇与珍贵。

图文 / 熊昱彤

延伸阅读

诗人李白的“明月出天山，苍茫云海间，长风几万里，欢度玉门关。”中的天山不是新疆的天山，而是指祁连山。秦汉之际，匈奴称天为“祁连”，所以祁连山即天山之意。

如画圣地：新疆天山

天山，因“天上之山”而得名，它在中国新疆乃至中亚各地，都是一个神圣的所在。它横贯世界最大的内陆干旱区，塑造了世界上最大的独立纬向山系；它哺育着天山南北的亿万人民，是各族人民的生命线；它是众多内陆河流的发源地，孕育了周边广袤的绿洲，有“中亚水塔”的美誉；它有独特的气候、水循环和生态系统，以及显著的景观多样性。从2011年开始，我和科研团队曾多次走进美丽的天山，探寻它的奥秘，意图揭开它神秘的面纱。

从新疆首府乌鲁木齐出发，一路向西，在我们左手边的就是天山山脉。天山由一系列山脉组成，全长2500千米，横跨四国，三面被沙漠包围。山势雄伟壮丽，山顶白雪皑皑，山腰林木葱葱，山谷绿草茵茵，巍然屹立于戈壁荒漠之中，给人以强烈的视觉冲击。中国境内的部分被称为东天山，即新疆天山。

2013年，“新疆天山”被联合国批准为世界自然遗产，成为全球第一个温带干旱区山地自然遗产。遗产地由天山的托木尔峰、喀拉峻－库尔德宁、巴音布鲁克和博格达4个片区组成，从海拔7743米的主峰托木尔峰，绵延到东部海拔5445米的博格达峰，构成了壮观而优美的峰雪天际线。这里有典型的温带干旱区山地垂直自然带谱，也是众多古老残遗物种和珍稀濒危物种的栖息地。

巴音布鲁克：大天鹅的故乡

如果天山是一个高大魁梧的汉子，那么尤勒都斯盆地就是他的“心脏”和“肾脏”，巴音布鲁克就在尤勒都斯盆地内。五月之后，巴音布鲁克的游客多了起来，他们多从乌鲁木齐出发到油城独山子，然后由北向南沿奎屯河向天山深处盘旋上升——这条北段与奎屯河几乎并行的公路就是独库公路，又名天山公路。这条天堑之路贯穿天山南北，大部分路段在崇山峻岭、深川峡谷中，随处可见塌方、雪崩和冰达坂。

哈希勒根达坂，是天山公路必过的坎，翻越哈希勒根达坂，可以体验一日四季。山顶冰川积雪覆盖，而哈希勒根隧道和防雪走廊穿达坂山而过，是天山少见的人文景观。翻过哈希勒根达坂，途经乔尔玛，继续前行，就到了水草丰盛的巴音布鲁克大草原。筑路九载，上百名解放军战士永世长眠在乔尔玛，守望着莽莽天山。

巴音布鲁克是蒙古语，意为“富饶的泉水”。盆地四周雪山环抱，底部开阔平坦。这里有大面积沼泽和湖泊湿地，开都河蜿蜒其中，形成“九曲十八弯”的独特高山景观。理想的河曲沼泽环境、凉爽湿润的高山气候以及丰富的水草食料，非常适宜天鹅繁衍生息。世居于此的土尔扈特部东归英雄的后代们，他们视天鹅为神鸟，对其顶礼膜拜、倍加保护。每年有上万只天鹅从南部飞到此地繁衍生息，“天鹅湖”因此而闻名世界。巴音布鲁克集中了世界上大部分的大天鹅，是天鹅的故乡。

巴音布鲁克草原和雪山（摄影 / 姚俊强）

乔尔玛的烈士纪念碑（摄影 / 姚俊强）

哈希勒根隧道（摄影 / 姚俊强）

库尔德宁：天山深处的“横沟”

在新疆天山南北，以冰川雪山为源头，河流多顺山势而下，形成与雪山垂直或呈一定角度的“纵沟”。而在伊犁河谷深处，在南北走向的山间阔谷里，有一个与山顶雪山平行的“横沟”，在哈萨克语中被称为“库尔德宁”。

高大的雪山和横沟，使得丰富的西来水汽在横沟中聚集，形成天山最大的降水中心。降水成就了库尔德宁，使这里拥有单位蓄材量世界罕见的云杉森林资源，形成了中国最大的、最完整的雪岭云杉林，被称为“中国十大原始森林之首”。独特的自然环境，使库尔德宁成为古老残遗物种的避难所，有大量特有和濒临灭绝的物种。第三纪古老树种雪岭云杉和野生欧洲李，被称为现代天山演变的活化石，库尔德宁是其全球仅存的分布区，堪称欧亚大陆腹地野生生物物种的“天然基因库”。

库尔德宁被连绵不断的群山环绕，原始森林尽显苍莽，素有“东方瑞士”之称。在库尔德宁的深处，抬眼南望，群山之间有一座尖

巴音布鲁克的“九曲十八弯”景观（摄影 / 姚俊强）

利角峰状的雪峰雄踞其中，这就是那拉提山脉最高峰——喀班巴依峰。该峰高峻挺拔，分布有数条冰川，是库尔德宁河的发源地，山顶积雪终年不化，白雪皑皑，八月的雪莲花在冰山上竞相盛开，更有雪豹、盘羊等时常出没，增添了几分神秘。正如歌中唱的那样，“库尔德宁哟，美丽的地方，我的故乡，森林苍莽，草原碧绿，人间的天堂。”

库尔德宁的雪岭云杉（摄影 / 姚俊强）

博格达：最难征服的雪山

国内名为“天池”者多，唯独“天山天池”恬然而神秘。天山天池位于博格达峰下，宛如蓝色的明镜，镶嵌在绿色的山峦中，雪峰和云杉映入湖中，令人暑气顿消、心旷神怡。在神话中，天山天池是西王母的沐浴场所，也就是“西天瑶池”。站在天池边，头顶的最高峰即为博格达峰。博格达不高，但峰尖紧依并立，峰顶冰雪皑皑，即为“雪海”，极难征服。博格达山体陡峭，在很短的水平距离内，发育了完整的垂直自然带谱，实属罕见。在登顶珠穆朗玛峰的 28 年后，人类才成功登顶博格达，可见难度之大。

天山雪莲就生长在博格达峰下高寒冰碛地带的悬崖峭壁和冰雪覆盖的沙石上。这里气候寒冷，风沙肆虐，而雪莲幼苗在零下 20 多摄氏度的环境下成长，历经 5 年开花结果。雪莲花状如白色长绵毛，宛若绵球。在雪线附近，生活着雪豹、雪鸡、棕熊、北山羊等珍稀和特有物种。由雪峰、湖泊、森林和五色草甸构成的天山冰雪水域风光，其独特的风景和生态价值，被列入联合国人与生物圈保护区。

天山，就是这么美丽而动人。它既有妩媚清秀的山色，又有博大粗犷的草原，远看宛如超凡脱俗的仙姑，近观亦是绝色天姿的少女，自然景观令人叹为观止。

文 / 姚俊强

乌鲁木齐河源 1 号冰川，由于冰川快速融化，该冰川末端在 20 世纪 90 年代分裂为东、西两支（摄影 / 姚俊强）

天山雪莲

延伸阅读

随着全球气候变暖加剧，新疆天山也面临着冰川大面积融化、生物多样性急剧减少和生态系统严重退化等问题。而人类无序的活动，更加剧了天山的创伤。雪莲成长的土壤需要几百万年的缓慢发育过程，采摘需要技巧，但非法采摘者都是连根拔起，而市场上对雪莲的需求又很大，这对天山雪莲来说是毁灭性的。雪莲只是其一，整个天山都已“感冒”。因此，保护它们，刻不容缓。

贡嘎山：蜀山之王

在中国的传统文化里，总是喜欢封神称王。每一个地方，天有天王，地有地主，山有山神。四川是一个多山的地区，它的地貌特征就是中间一个大盆地，四周环绕着高大的山脉。难怪唐代大诗人李白要说“蜀道之难，难于上青天”。蜀道之难，难就难在群山阻隔，所谓“邃岸天高，空谷幽深，涧道之峡，车不方轨，号曰天险”。

那么，四川如此多山，谁才是蜀山之王呢？其实，古代人和现代人心目中的蜀山之王是不一样的。李白说：“蜀国多仙山，峨眉邈难匹”，这说明在古人眼中，蜀山之王是峨眉山；而在现代人的心目中，贡嘎山才是当之无愧的蜀山之王。

称王四大绝技

蜀山之王；

西南第一峰；

横断山最高峰；

中国最美的雪山之一；

世界上著名的高峰之一；

当这几个不同寻常的短句连缀出现时，“贡嘎山”三个字便已呼之欲出。位于四川省西部的贡嘎山，又称“木雅贡嘎”。“木雅”既是族群名称，又是地域概念。作为族群名称，它特指生活于贡嘎山地区的康巴藏族，即木雅人；作为地域概念，它又特指木雅人所生活的这个地区。“贡嘎”在藏语中是“最高的雪山”的意思。在当地人心中，贡嘎山是代表着某种精神和神性的“群山之王”，有人称它“一半在天上，一半在人间”。

贡嘎山之所以能成为蜀山之王，得益于它的高大、奇崛和神秘。贡嘎山主峰海拔 7508.9 米，在青藏高原，这一海拔高度并不算突出，因为在青藏高原的喜马拉雅山脉和喀喇昆仑山，8000 米级的山峰就有 14 座。但在青藏高原东部，在整个西南，贡嘎山却足以傲视群雄，独领风骚——它的高度比西南地区的第二高峰，海拔 6740 米的梅里雪山高出 800 余米；比四川的第二高峰，海拔 6247.8 米的四姑娘山高出近 1300 米。可以说，贡嘎山在整个西南地区，卓尔不群，一枝独秀，无出其右。

贡嘎山不仅海拔高，而且看起来也很高。它从几百米的四川盆地边缘拔地而起，与四川盆地的高差近 7000 米。在这里，地形的

一半在天上，一半在人间的贡嘎山（摄影 / 卞玉鹏）

爬升不是像台阶一样逐级完成，而是呈一条陡立的直线，山体骤然而立，在极短的距离内扶摇直上几千米，从盆地到雪山，从平原到高原，直接而迅速。也许正是受到这种视觉上的“欺骗”，20 世纪 30 年代，声名显赫的美籍奥地利探险家约瑟夫·洛克，一度认为贡嘎山将取代珠穆朗玛峰（简称珠峰），成为世界第一高峰，并兴奋地向全世界宣布他的“新发现”。这显然是一个美丽的乌龙事件。

贡嘎山具有巨大的攀登难度和极高的登顶死亡率，被登山家称为“山难大全”读本。其登山死亡率远远超过珠峰的 14% 和 K2 峰（乔戈里峰）的 30%。同时，贡嘎山因处于华西雨屏带，峡谷纵横，群山遮拦，云雾缭绕，是最难见尊容的雪山之一，充满了神秘感！

罕见地貌、独特景观的荟萃地

高亢的山体，深幽的峡谷，茂密的森林，蜿蜒的冰川，碧莹的湖泊，滑润的温泉，浓郁的康巴风情，多层次、多类型的景观组合，使贡嘎山成为罕见地貌、独特景观和多彩文化的荟萃地。这里有位居世界第二，高差达 1080 米的海螺沟大冰瀑布；这里有青藏高原东部海拔最低、规模最大的海洋性冰川群，冰川伸入原始针叶林带达 6 千米，形成“绿海银川”的奇景；这里有离中国东部最近的地热资源富集区，温泉成群，蔚为大观。

贡嘎山高大的山体和优越的物质补给为现代冰川的发育提供了优越的条件：断块山体特征、大体走向一致的山脉与之间幽深的山谷为冰川发育创造了有利的地形条件；季风带来的丰沛降水为冰川

贡嘎山——最难见尊容的雪山之一（摄影 / 王小亮）

带来了丰富的补给源。据统计，目前贡嘎山区共有现代冰川 74 条，总面积 256.02 平方千米，冰川储量达 0.24 亿立方米。在众多冰川中，长度超过 3 千米、规模较大的有东麓的燕子沟冰川、海螺沟冰川、磨子沟冰川、南门关沟冰川；西麓的大小贡巴冰川；北麓的日乌切 2 号冰川；南麓的巴王沟冰川等。

海螺沟冰川是贡嘎山数十条冰川中规模最大、形态最美的一条，以低纬度、低海拔著称于世。冰川从上到下分为三级阶梯，最上部是粒雪盆，即冰斗，是补给区，海拔在 4800 米以上。第二级是大冰瀑布，高 1080 米，宽 500~1100 米，是中国最大的冰川瀑布。站在大冰瀑布之下的观景平台，傲立于苍穹的雪山、蜿蜒于丛林的冰川、高悬于崖壁的冰瀑，海螺沟的雄奇壮美一览无遗。若遇冰崩、雪崩发生，巨大的冰体从高空坠落，雪雾弥空，响声如雷，更是在

"绿海银川"奇景（摄影 / 李忠东）

海螺沟冰川（摄影 / 李忠东）

美景之上又平添了刺激。最下一级是冰川舌，海拔在 3700 米以下，舌长 5.7 千米，宽 0.4~0.7 千米，冰体厚度 100~130 米。一般而言，冰川都是白色的，但海螺沟冰川表面却呈黑色，这是因为冰川在运动过程中，将大量黑色的泥砂夹裹在其中，从而使冰川表面呈黑色。行走在冰川上，还可以观赏到冰洞、冰漏斗、冰裂缝和冰塔林等，也能听到不时从冰层内发出的“咔嚓、咔嚓”声，让人心跳加快。

海螺沟大冰瀑布（摄影 / 李忠东）

由于贡嘎山位于多条断裂的交会处，因此环贡嘎山多有温泉出露，其中最有意思的便是海螺沟的冰川温泉。温泉位于雪山之下，密林深处，环境极为清幽，水温在 40 ~ 80 摄氏度。春夏，这里雾绕青峰，各色杜鹃绽放于瑶池之畔；秋天，万山红遍，层林尽染，红叶飘落于汤池之中；最妙是冬天，新雪初铺，四周银装素裹，雪野茫茫，瑶池中云蒸霞蔚，热气飘渺。冰与火、冷与热带给人视觉和感觉上的双重刺激，成为来贡嘎山最不凡的体验。

生长、行走的雪山

贡嘎山大概是地球表面最为崎岖的地方了，从山脚下的大渡河河谷至贡嘎山主峰，尽管直线距离不足 30 千米，地形落差竟达到 6500 米以上。实际上，在 340 万年前，它们还几乎处于同一海拔高度（那时候贡嘎山的海拔还不到 2000 米）。作为青藏高原整体隆起的一部分，贡嘎山的隆起受到断裂的控制，是典型的断块山地。至今，我们仍能在贡嘎山的东坡看到一系列被断层改造的断错水系。发生于 340 万年前左右的多期次断块升降，使贡嘎山长高了 5000 米以上，至今仍以 7.8 毫米 / 年的速度向上生长。

科学研究表明，贡嘎山不但在往上生长，而且还在不断地水平行走（运动）。10 万年来，贡嘎山的主峰断块一直在沿康定－磨西断裂水平滑动，滑动距离为 2~3 千米，甚至超过其向上生长速度的 3 倍。所以说，贡嘎山不仅是一座生长的雪山，还是一座行走的雪山。

难以攀登的雪山

早在 19 世纪末 20 世纪初，贡嘎山便已成为世界关注的名山。奥地利人劳策、英国人普拉特以及美籍奥地利人洛克，都曾把脚印和身影留在贡嘎山。有一句名言盛传于登山界——“花钱可以上珠峰，但上不了贡嘎”。

贡嘎山之所以难以征服，首先“得益”于它特殊的地形和独特的峰体形态。在冰川长期的刨蚀作用下，贡嘎山的主峰发育为锥状大角峰，峰体尖锐而陡峭，四周更是绝壁环绕，攀登难度极大。西南壁坡度几乎达到 70 度，还有大量的悬冰层，几乎没有人能从这里通过；尽管东北山脊曾被日本和韩国登山队员挑战成功，但他们付出了惨痛代价；西北山脊是一条相对容易的登顶路线，但仅仅是相对容易。如果选西北山脊这条线，在翻上山脊之后，横风特别大，春秋季暴雪加大风，气温可能骤降到零下 40 摄氏度。

征服贡嘎山面临的另一个难题就是复杂多变的天气。贡嘎山位于亚热带季风气候区，但是，由于青藏高原的隆起，高耸于对流层中的巨大山岭对气流形成阻挡，影响并改变了环流形势，导致贡嘎地区气象条件多变且恶劣，尤其是东坡，降水极其丰沛，而且常常云雾飘渺。查阅历次山难，几乎都与恶劣天气有关。

贡嘎山的主峰发育为锥状大角峰，难以攀登（摄影 / 卞玉鹏）

借山看山

在贡嘎山的周边，环峙着一系列6000米级、5000米级的极高山，而之下便是深邃而幽长的峡谷，古今的各种交通孔道大多沿这些峡谷展布，在峡谷之中基本没有一睹“蜀山之王”风采的机会。加之贡嘎山地区气候温润，降水丰沛，雨雾天气较多，哪怕有机会登上高地，也常常因云遮雾绕，增加了观看贡嘎山的难度。

如何才能突破地形的屏障，越过大山的阻挡，体会到贡嘎山群山如丘、长峡如线、雪峰如玉的雄阔与壮美呢?

山不过来，我就过去！聪明的四川人想到了一种全新的看贡嘎山的方式：借一座山的高度，去看另一座山！以它为中心，寻找最佳观景平台，一时间成为摄影爱好者和户外探险者乐此不疲的快事。一个观景平台一旦被发现，立即会成为热点，无数游客蜂拥而上。围绕贡嘎山，这样的观景平台数不胜数，如子梅垭口、雅哈垭口、四人同、光头山、王岗坪、牛背山、黑石城、达瓦更扎等。这些观景平台的海拔高度一般在3500~4000米，既达到一定高度，又在雪

线之下。登上山顶，视野空阔，或雾涌群峰，或日跃云海。尤其是在朝晖晚霞时分，日照群峰或夕落金山的奇绝，其美非亲历所见难以想象，虽亲历所见亦难以言表。

文 / 李忠东

延伸阅读

国内美丽的雪山，你看过几座？

南迦巴瓦峰，位于西藏，曾被《中国国家地理》杂志评为“中国最美山峰”。

梅里雪山，位于云南，每年都有成千上万藏民前去“转山”，来表达对神山的敬畏和崇拜。主峰卡瓦格博也是唯一一座国家明令禁止攀登的雪山。

贡嘎山，位于四川，也被称为“蜀山之王”。

冈仁波齐，位于西藏，是无数藏民的信仰圣地。

乔戈里峰又称K2峰，位于新疆，是世界上最难攀登的雪山之一。

长白山：雪域长白多姿彩

金庸走了，却给我们留下一个快意恩仇的江湖。“寒风萧萧，飞雪飘零；长路漫漫……”每到冬日，《雪山飞狐》里这熟悉的画面就会经常浮现在许多人的脑海里。今天，我们就不妨跟随飞狐的足迹，走进长白山的茫茫雪原，去寻觅那些只属于雪域的怡然乐趣吧！

长白山，因其主峰白头山多白色浮石与积雪而得名，素有“千年积雪万年松，直上人间第一峰”的美誉。这里不仅仅是雪的世界，更有美得令人窒息的风景；这里有悠久的文化历史，也是松花江、图们江、鸭绿江的发源地。长白山的多姿多彩，只有来过，才能体会。

休闲快乐行

大约从每年的 10 月中旬开始，一直到第二年的 3 月底，几乎近半年的时间，长白山都会被茫茫的白雪覆盖。然而，即便雪再大、风再烈、天再冷，也阻挡不了生长在这片土地上的、从心底里热爱着自己家乡的人们的出行热情。

伙伴们结队踏雪原（供图 / 慧雪）

周末或节假日里，人们通常会约上一些有着共同兴趣的朋友，一起走进曾经夏日里浓荫覆盖、如今却白雪皑皑的林海。大家置身于一片白色的茫茫天地间，整个人仿佛都要升华了一样。烦恼和不快也被一扫而光，在雪地上留下一串串歪斜的脚印和一阵阵欢声笑语。

在这万木萧瑟、寒风凛冽的雪原中，我常常被那些残留在枝头的顽强的生命所惊喜和感动。

鸡树条荚迷（别名天目琼花），其株高2～5米，是忍冬科的灌木。它经冬不落的红色果实，像一个个小红灯笼一样，就挂在人们伸手可及的地方。在我看来，它所属的忍冬科，真的不是徒有虚名，能够忍受严冬的霜雪和低温，在这样寒冷的天气里也能给人们带来一丝暖意。

雪地里的红果果——鸡树条荚迷（供图 / 慧雪）

冬日的南蛇藤果，像一颗颗红宝石（供图 / 慧雪）

花楸果，果实球形，果脐五角星状，与鸡树条荚迷不同（供图 / 慧雪）

南蛇藤，卫矛科攀援藤本植物。冬日里，南蛇藤成熟的果皮竞相裂开，露出里面红红的假种皮，宛如一颗颗红宝石镶嵌在黄棕色的“底座”上，又像一朵朵傲雪的红梅怒放在枝头，同时也让人们因它能有这种顽强的生命力而心生敬仰。

此外，还有金银忍冬、花楸果、山刺玫果等，也格外惹人喜爱。

冰雪嘉年华

冬日里的长白山是雪国乐园。打雪仗、堆雪人这些最简单的雪上游戏，给孩子们带来一阵阵欢声笑语；滑雪和雪地摩托则是能让人体验“速度与激情”的极富挑战性的雪上游戏了。

事实上，滑雪也没有那么令人生畏。长白山地区有多个防护措施周全的滑雪场，同时配备专业的滑雪教练，喜欢滑雪的小伙伴，只要有一颗勇敢的心和不畏严寒的勇气，并能够保持身体的协调性，

雪地摩托

高山滑雪（供图/慧雪）

就可以挑战一下自我。在漫无边际的雪地上一跃而出，纵横驰骋，在长长的雪道上逶迤盘旋，天地任我行！

雪地摩托，就如同大海里的冲锋舟一样，只要加足马力，掌握好方向，就可以在林海雪原里自由穿梭——任它寒风呼啸、任它白雪飘飘，我们也要朝着那向往已久的目标，努力前行，直达顶峰！

其实，雪天里的乐趣不止这些。除了传统的滑冰车、冰上陀螺以外，随着人们视野的开阔，一些危险性小、老少皆宜的冰雪游戏也逐渐地被开发出来——溜雪圈、冰上飞碟、冰上自行车……也受很多小伙伴欢迎。

小贴士

雪原快乐行，除了要穿戴防风性好的冲锋衣裤、轻便防滑的雪地鞋，还很有必要戴好雪套，防止鞋内灌雪影响走路。另外，保暖性好的帽子和头巾也是必不可少的。必要的话，登山杖也准备一下。保护好身体，才能玩得更开心啊！

寻找水源地

漫漫寒冬，除了满目皆白的茫茫雪原，还总有那么多不一样的景致让人忍不住想去寻觅和探索。就如同这即使要走很远的山路也要亲眼一睹的四季常青的河流——泉水水源地。

一般来说，泉水在山区较为常见，因为山区的地形多经山体运动的强烈切割形成，有利于地下水流出；当地下的含水层或含水通道被侵蚀露于地表时，在适宜的条件下，地下水便会涌出来形成泉水。而泉水之所以在冬天不结冰，是因为泉水来自地层深处，其温度和夏天比并没有太大的变化，变化的只是周围的环境温度。如果在一条河里有多个泉眼，不断地流出清冽甘甜的泉水，就会自然而然地形成“不冻河”。

不断涌出泉水的圆形泉眼（供图 / 慧雪）

雪原深处的“不冻河”（供图/慧雪）

这一次，我们要寻找的就是在当地久负盛名的水源地。据朋友讲，这是一条有二十几处泉眼且水质透明的不冻河。在雪地里行走大约半小时后，只见一条不大的河流赫然出现在我们眼前——未结冰的河面、轻轻流淌的河水、河心石头上绿绿的青苔，与河两岸没膝深的白雪以及光秃秃的树干形成了鲜明的对比！我们纷纷走过河中的石板路，来到其中最大的一个泉眼处，只见清澈的泉水从一个泉穴里不断地涌出，如同一朵层次分明、渐次盛开的礼花。有的人俯下身子用手掬起一捧泉水，亲自尝了尝大自然恩赐的味道。

看着这潺潺的泉水，很难想象，就是它们一点一滴地汇聚成了奔腾的松花江、鸭绿江和图们江。

雾气氤氲的江面，是形成雾凇的最佳环境（供图 / 慧雪）

松花江边看雾凇

长白山脚下，松花江边，寒冷冬日会出现一种奇特的自然景观——雾凇。

与山中寻泉水不同，要想看到漂亮的雾凇，不用走很远的山路，只要早早起床就可以实现愿望。

江边看雾凇，可以根据天气预报的情况，提前约好几个朋友即可成行。经验丰富的小伙伴都知道附近的哪条河或者哪个江面的雾凇漂亮，也都了解在哪里能欣赏到迷人的景色和可能有的意外收获。在雾气氤氲的江面，两岸遍布阔叶树的地方，是很好的看雾凇的地点。在太阳出来之前，我们可以看到江面上雾气不断地升腾，

松花江边的雾凇（供图 / 孙莅珉）

然后到达近距离的树枝或者电线上，遇冷即凝。当凝成固体的小颗粒堆积多了以后，一丛丛雾凇如同美丽的玉树琼花一般呈现在人们的眼前。

我曾经带领小朋友在松花江畔看雾凇。通过细致的观察，小朋友们发现雾凇与现在应用较为广泛的“分形”有极其紧密的联系，这是欣赏美景以外更大的收获吧。

太阳升起之后，雾凇渐渐散去，幸运的小伙伴还可能看到寒冬时节依然生活在北方的绿头野鸭，三五成群地掠过江面。它们有的在觅食，有的在短暂停憩，也有的在等后面的小伙伴，此时，你只要屏住呼吸，不惊吓、不打扰，静静地看着它们就好。

读到这里，是不是朋友们都按捺不住想要来长白山看一看这“千里冰封、万里雪飘”的北国风光了呢？冬天的时候就出发吧！来一次真真正正的雪中行，追寻心中埋藏很久的雪原梦，不要再空留下雪中情了！

成群的绿头野鸭掠过江面（供图 / 孙莅琨）

文 / 慧雪

延伸阅读

雾凇的形成

雾凇，也叫树挂，它非冰非雪，是由于雾中无数零摄氏度以下而尚未凝华的水蒸气随风在树枝等物体上不断冻结，形成白色不透明的冰晶物。雾凇形成需要气温很低，而且水汽又很充分，同时具备这两个形成雾凇的自然条件非常难得。

树枝上形成的雾凇（供图 / 慧雪）

雾凇近景

太行山：
巍巍太行　诗画生态

在华北，有一条近南北走向，跨越河南、山西、河北和北京四省市，绵延约 400 千米的重要山脉，它的西侧是海拔 800~3000 米的山西高原和黄土高原，东侧则是海拔几十米的华北大平原。这条山脉就是中国著名的太行山脉，它是中国东部重要的地理分界线。

太行，我们来了！

怀着激动的心情，我们到达了石板岩镇。整个石板岩镇坐落在南北走向的一个巨大峡谷内，峡谷两侧是由一层层巨厚的岩石堆叠成的数百米高的阶梯状陡崖，峡谷中央是一条宽 50 米左右、自南向北流淌的小溪，当地人称这条小溪为露水河，太行山大峡谷的前身就是露水河峡谷。

受山势控制，露水河在流向上有一些小而缓的蛇形弯曲，河流的凸岸，常常堆积较多崩塌的岩块以及上游冲刷下来的砾石和泥沙，日积月累，沿露水河的两岸就形成了一个个稍微开阔而稳固的滩地，石板岩镇正是位于河流西侧最大的一块滩地上的小镇。

从远古海洋到高山峡谷

我们住的大峡谷宾馆紧临露水河，站在河边或宾馆的房顶，峡谷两侧特别是东侧的地貌景观一览无余（见下图）。

照片中黄色虚线为太行山地区最重要的地质界线。黄色虚线之下的区域植被茂密，植被之下为崩塌和风化的岩石碎块，称为坡积物；靠近河床的地方有以前洪水留下的砾石和泥沙堆积，称为洪积物。坡积物和洪积物覆盖的岩石为距今 25 亿年前的新太古代变质岩。因修建沿河公路及河水的冲刷，部分变质岩已经在照片的右下角出露（白色虚线范围内）。

黄色虚线之上一层层堆叠的岩层是典型的沉积岩，它们主要形成于两个大的地质时期：淡红色的岩石主要是坚硬的含砾石英砂岩，夹有一些薄层的泥岩或粉砂岩。它们形成于距今约 18 亿 ~16 亿年间（地质上称为中元古代）。当时，现今的太行山区为一狭长的海湾，称为太行湾，太古代岩石风化剥蚀而来的大量泥砂和砾石被河流带到太行湾中，成为元古代岩石的来源。根据目前的资料，大约距今 16 亿 ~5.4 亿年之间，现今的太行山地区重新隆升成陆。在距今大约 5.4 亿年的古生代寒武纪时期，太行山区与华北大部分地区一起又重新被海水淹没，这次淹没过程持续了将近 1 亿年，之后又抬升成陆地。在近 1 亿年间，此处沉积了巨厚的碳酸钙，碳酸钙固结成岩，就变成了照片上部显示的浅灰色岩石。这些以碳酸钙为主的岩石可以用来烧制石灰和水泥，因此称为石灰岩。

欺软怕硬的岩石

继元古代的砂岩与古生代的石灰岩形成之后，太行山地区又经历了多次复杂的地质作用，但总体上这两套岩层都保持着近于平行且水平的状态。只是在垂直岩层面的方向上发育了大量的裂隙，地质上称这些裂隙为节理。

由于岩石的原始形成环境不同，岩层厚度、物质组成与物理性质差异巨大，抗风化能力也有明显的差异。在相同的条件下，薄层且抗风化能力弱的岩石（软岩）首先风化并向山体内凹进，厚层及抗风化能力强的岩石（硬岩）则相对突出。当软岩不断向内凹进到一定程度时，上面巨厚的硬岩在重力作用下沿节理面崩塌，如果崩塌面足够大，就形成了陡崖。

就这样，欺软怕硬的岩石形成了凹凸有致的表面。

一石一乾坤

大自然是人类最好的课堂，也是最好的老师，还是最伟大的艺术家！走近观察眼前的岩石，我们会发现许多有趣的现象。

寒武纪厚层石灰岩中有一种特殊的鲕（ér）状构造，就是岩石中含有密集的鱼籽状颗粒，它们是在特殊的浅海环境下形成的。鲕粒灰岩非常常见，冰冰背上的龙王庙围栏，就是鲕粒灰岩做成的，关键是我们还坐在了上面休息。这让我们不禁感慨，我们真是坐在了上亿年的石头上！

走近观察元古代的岩石，我们发现这些岩石的粒度、颜色和厚度千差万别，大部分是砂岩，有少量砾岩和泥岩，不同的岩石类型代表了不同的沉积环境，而且不同的岩石在空间上还会重复交替出现。这是古代的沉积环境周期性变化的结果。

另外一个突出的现象就是岩石中保存有样式各异且数量非常巨大的波痕构造。这些波痕均来自于十多亿年前的元古代，千变万化的水流在沙滩上塑造了形态各异的图案，而今这些图案就在我们脚

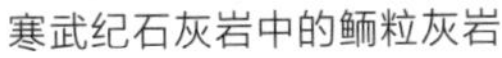
寒武纪石灰岩中的鲕粒灰岩

冰冰背景点附近的古生代（寒武纪）石灰岩地貌

下，就在石板岩镇上的墙壁上，向我们默默诉说着这里曾经的沧海桑田。

灯诱，请昆虫上门坎坷多

到达石板岩镇后，我一边熟悉环境，一边观察周围的昆虫。夜色降临之前，我竟然在房间门口的地板上发现一只趴着的“大蛉”（后来得知是斑鱼蛉），这让我对后面将要开展的灯诱活动十分期待，岂不知后续的灯诱竟然磕磕绊绊。

当天晚上我安装了灯诱装备并试了试效果，结果发现引来的竟然都是叶蝉之类的小型昆虫，让人有些许失望。再看石板岩镇的夜景，我才发现比我们功率大的灯光到处都是，我这个小小 100 瓦的灯光就如萤火之辉，无奈之下只能寄希望于第二天提早开始灯诱，或许提早开灯、气温稍高会有更好的效果。

第二天，太阳一落山我就张罗好了灯诱设备，过了一会儿，白布上就聚满了各种各样、大大小小的昆虫。在大家的惊呼声中，我用捕虫夹把吸引来的昆虫（包括蝽类、草蛉、果蝇、蜉蝣、大蚊等）放入各自的观察盒中，让大家用上面自带的小放大镜去观察这些昆虫的形态。

同学们不知道从哪里抓了一只壁虎。壁虎爪子的底部并没有“吸盘”，壁虎的爪垫由很多类似于刚毛状的结构组成，这些极细的刚毛与物体表面非常接近，产生了独特的分子间引力（范德华力），壁虎就可以飞檐走壁了。为了验证壁虎爪垫是否有吸盘，我们通过微距镜头记录下了这只壁虎的爪垫，虽然看不到刚毛，但是依然能够看清壁虎爪垫并无吸盘结构。

趴在房间门口地板上的斑鱼蛉

微距镜头下壁虎的爪垫并无吸盘

蝉鸣声声响

在冰冰背景区门口，刚下大巴就听到各种交织在一起的鸣蝉声音，此起彼伏。这都立秋了，小蝉们依然不知疲倦地欢唱，然而对于有些还没找着“对象”的大龄光棍蝉来说，这也许是最后的歌声了。

仔细倾听，我们依然分辨出了四种蝉的叫声，其中黑蚱蝉的叫声大而单调，“唧……唧……”就像个大喇叭似的，一刻也不停歇，夏天最吵人的蝉就是它了；鸣鸣蝉身体呈暗绿色，叫声虽然大但却很独特，“呜嘤……呜嘤……呜嘤……哇……”叫完后还有个拖尾的音；蒙古寒蝉的叫声为“知了……知了……”，不停地重复，其叫声和其俗名“知了”倒是非常相近；第四种蝉是蟪蛄，蟪蛄体型小，后翅非透明，有黑色花纹，叫声细小而单调，一路上很少听见。

山中访昆虫

沿途，我们在水边看见了一种红色腹部的蜻蜓（赤蜻）立在水池边的矮墙上，还看见一种灰色蜻蜓，但由于游客众多，我们还没来得及仔细观察，便匆匆前行。行进途中，我们还发现了一只死去的寒蝉。这只寒蝉身上铺满了白色毛茸茸的蜡丝状物质，仔细一

赤蜻

看，原来还有3只蝉寄蛾的大龄幼虫紧贴其身，也许蝉寄蛾的幼虫正是借助这种白色蜡丝状物质来保护自己吧！

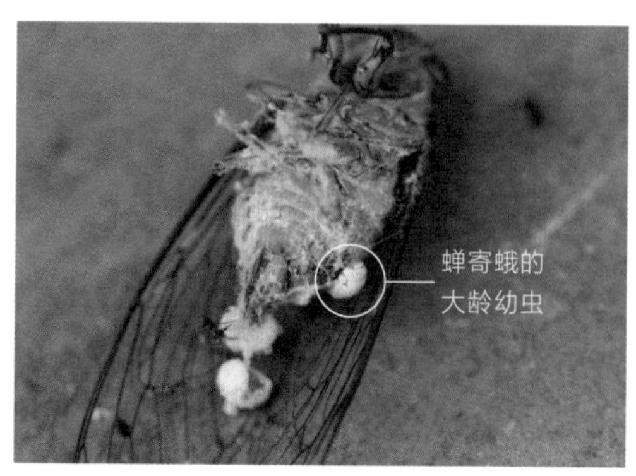

被蝉寄蛾寄生的寒蝉

生物在一处安家和生存需要多种条件，但是通常都离不开水源、食物、庇护场所。因此，我们走到一个小水池的边上停了下来，想借此宝地，在昆虫们喝水的时候进行观察。

大多数昆虫的行动都非常机敏，有限的时间里，我们仅仅看到了陆马蜂和黑盾胡蜂的身影，还有2种小型的马蜂一晃而过，根本就不给我们拍照的机会。回头看看，一只豹蛱蝶正在旁边阳光直射的温暖草丛中访花吸蜜，“咔嚓”一声，它的倩影被我记录了下来。幸运的是，小池子里的昆虫们不会乱跑，一种水生甲虫从水面潜至水下忙个不停，另外，我们还看到了很多水黾和孑孓（蚊子的幼虫）。

豹蛱蝶

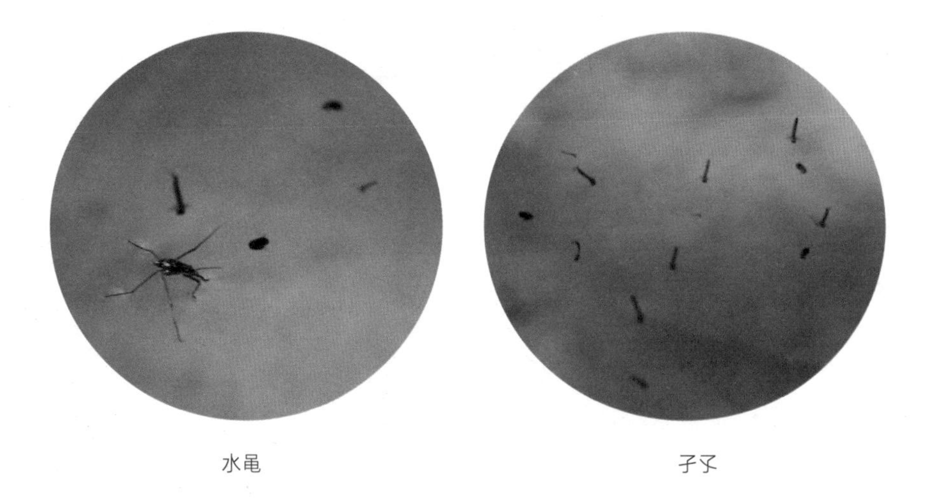

水黾　　　　孑孓

走的路程已经够多了，我们来到冰冰背上方的一处树荫下休息。只见不远处有一株亭亭玉立的开黄花的植物，很是漂亮秀气，一只熊蜂正在访问它，吸食着美味的花蜜。这种植物学名叫牛扁，带有毒性。尽管这些有毒植物的花粉和花蜜对人类来说也是有毒的，但是对蜜蜂来说却是甜美的食物。

在王相岩景区，也有繁忙的生物小世界：平台附近吸食花蜜的大个子土蜂，边交尾边访花的一对姬蜂虻，一只贪吃的柑橘凤蝶，以及树枝上挂着的某种螳螂的螵蛸也格外显眼。

正在采集牛扁花蜜的熊峰

吸食花蜜的大个子土蜂

边交尾边访花的一对姬蜂虻

螵蛸

小小蜂巢学问多

参观红旗渠时，我们沿途竟然发现了 6 处胡蜂巢或蜂巢的遗址，其中 1 处为活的墨胸胡蜂。这处胡蜂巢建在一个岩壁下，距离游人步道仅 10 米远，假如没有人袭扰这群胡蜂，我想过往的游客还是很安全的。

蜜蜂的巢是由数列或十数列巢脾组成，而巢脾的主要成分是蜂蜡。在蜜蜂腹部的腹板上有 4 对蜡腺，蜂蜡片便出于此。蜜蜂用他们的嘴将蜡片一点儿一点儿黏成六角形巢房。

岩壁下的胡蜂巢

那胡蜂呢？胡蜂的巢房当然也是六角形的，但它们并不是用蜂蜡筑巢，而是用“纸”来筑巢。胡蜂会从树皮或枯朽的树枝中提取纤维，放在嘴里咀嚼，再黏成蜂巢。因此，胡蜂选择把巢建在岩壁下方，这样既可以遮风又可以挡雨。

图文／苏德辰　姚军

延伸阅读

我们平时总说蜻蜓，但蜻和蜓是两种昆虫。蜻蜓是一个很大的概念，是昆虫纲蜻蜓目昆虫的总称。在蜻蜓家族里，大体上分为束翅亚目和差翅亚目；还有一类间翅亚目，是古老的孑遗物种，近缘种和分布地区都很有限。束翅亚目的种类就是我们俗称的豆娘，亦称作“蟌”。差翅亚目的种类就是我们通常看到的蜻蜓，它们两对翅的大小和翅脉有差异，故称“差翅”。

蜻前后翅脉三角室位置和形状差异较大

蜻、蜓和蟌的区别如下：

	体型	停栖	翅膀形态	翅膀的翅脉	尾部长短	尾端形状
蜻	较大	停栖时翅膀平展在身体的两侧	前后翅形状大小不同，差异较大	前后翅脉三角室位置和形状差异大	较蜓稍短	通常不膨大
蜓	较大	同上	同上	前后翅膀三角室差异小	较长	有些种类会膨大
蟌	较小细长	停栖时翅膀合起来直立于背上	前后翅形状大小近似，差异小		相对来说体型细长	

大别山：去大别山找『大别』

大别山的名字由何而来，

只是因为“山之南山花烂漫，山之北白雪皑皑”的奇特景观吗？

让我们一起穿越时空，

前往 28 亿年前的地球一探究竟。

古今之别

地球形成之后的很长一段时间内，岩浆遍地，还伴随着似乎永无止境的陨石撞击。经过漫长的时间，地球逐渐降温，地表固结，古老的岩石缓慢形成，有一些岩浆冷却后就形成了岩浆岩。岩浆岩常见的种类有花岗岩、玄武岩、流纹岩等。

可能好奇的你会提问：“这些古老的岩石和大别山有什么关系呢？”别着急，我们穿过岩层，继续向下“走”，去远古大别山所在的位置，寻找岩石和大别山最初的故事。

约 28 亿年前，有一小部分岩石在地幔中的高温、高压中经历变质作用，成为变质岩。后来，这些变质岩来到了地表，成为古陆（地史时期中各种形式的古老剥蚀陆地）的一部分，并且在各种地壳运动中幸存下来，成为陆壳中相对稳定的一部分，被人们称为古陆核。

到了 2.5 亿年前，扬子板块和华北板块发生了旷日持久的碰撞和俯冲，将一部分古老的岩石带到高温、高压的地幔中，形成了大别山闻名世界的超高压变质岩——榴辉岩。

同时，板块运动的力量，也使得大量花岗质岩浆上侵，地幔中形成的超高压变质岩等也搭着这一趟“便车”，上升到地表附近，与花岗岩、沉积岩、变质岩一起，组成了大别山地区的岩石基础。

随着一系列地壳运动，大别山地区越来越高。2.3 亿年前，大别山地区正式告别海洋成为陆地。也是从这个时候开始，大别山才拥有了能够被称为“山”的样子。

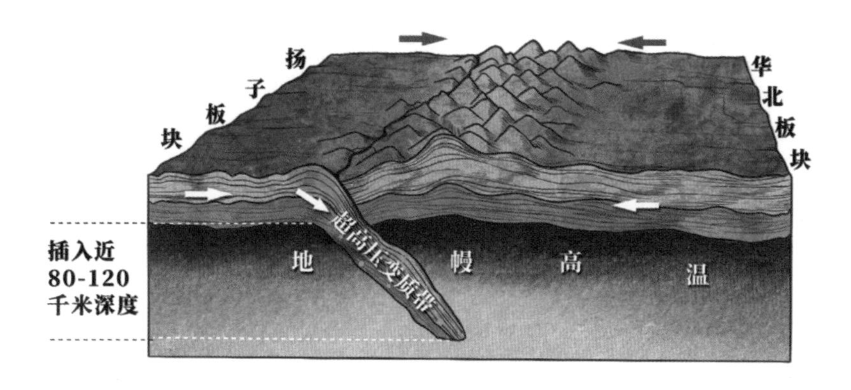

板块俯冲示意简图（供图 / 脚爬客）

近几百万年以来，在内动力地质作用和外动力地质作用的双重影响下，大别山的外表逐渐改变，多样的大气、水、生物雕琢着大别山的坚硬外表。

大别山发生的神奇变化，让它成为地质学研究的天然实验室和造山带研究基地。从 28 亿年前到如今，大别山的古今变化见证了地球的历史。

南北之别

大别山和其他的山还有什么不一样的地方?

大别山身跨鄂、豫、皖，是中国南北方之间重要的地质－地理－生态－气候的分界线。由于地处南北交会地带，它不仅深刻影响了中国南方、北方格局的形成，还营造了复杂多样的生态环境，促进了生物多样性的发展。

湿润温和的沟谷中，茂密的森林在千万年的时间中庇佑了无数生命的繁衍。仅黄冈大别山世界地质公园内，野生维管植物就有1400多种。珍稀濒危植物丰富，属国家特有、珍稀或重点保护的植物有34种。

青冈、苦槠、楠木、鹅掌楸、香果树、罗田玉兰、石蒜，或苍翠挺拔，或亭亭玉立，或妖娆多姿，为山体的肌理赋予了丰富的层次。而霍山石斛、铁皮石斛、天麻，吞吐着山间的灵气雨露，成就了大别山中药药源宝库之一的名声。

大别山海拔较低的峡谷气候温和、生境丰富，适合各种动植物生活。其中已知有陆生脊椎动物4纲26目65科208种，它们和大量昆虫、微生物、真菌共同构建了大别山的生态链。金钱豹、小灵猫、白冠长尾雉等27种国家重点保护野生动物，在此繁衍生息，赋予了大别山野性和活力。

在大别山的山峰上，我们常常可以观察到南、北坡的景观差异。驻足山巅，北望即为淮河流域，马尾松、五针松、黄山栎，木木成林，苍茫庄严；南顾则为长江流域，粉墨涂抹在山体之上，杜鹃、满山红、黄山杜鹃、云锦杜鹃，姹紫嫣红。南北交会，大别自成。这里的山水生灵，就是大别山最好的代言人。

山水成诗，美美与共，描绘出大别山的南北之“别”。

大别山地区常见及珍稀野生植物（供图 / 脚爬客）

大别山地区常见及珍稀野生动物（供图 / 脚爬客）

黄冈大别山地区物产丰富，文化底蕴深厚（供图/脚爬客）

守护大别山

大别山的“大别”之名，如今又有什么不一样的含义？黄冈大别山世界地质公园可能会给你一个答案。

为了更好地守护大别山，人们划定保护区和自然公园，建起大别山地质公园博物馆和英山地质环境监测保护站等，紧抓科普宣教和监测保护，筑牢生态文明保护线。

2018 年 4 月 17 日，湖北黄冈大别山地质公园入选联合国教科文组织世界地质公园。山成傲骨，林生菁华，大自然给予了辛勤的大别山人最好的馈赠，山地、沟谷、洼地物产丰富。人类的智慧与自然融合，将这里的绿水青山打造成金山银山。

大别山之春（供图 / 黄冈大别山世界地质公园管理中心　摄影 / 华仁）

生长于这片土地的人们，用科技与智慧给大别山注入了新的含义，让“大别”之名，名副其实。

文 / 黄波　高志峰　李凤

延伸阅读

龙潭河谷是大别山脉中众多的河谷之一，拥有九潭十八瀑，全长1200米，上下落差800米，号称“华中第一谷”。

龙潭河谷被誉为“华中第一谷”（供图 / 黄冈大别山世界地质公园管理中心　摄影 / 舒胜前）

四明山：『醉』美的山

八百里四明山，雄踞于东海之滨。四明山横跨海曙、奉化、余姚、嵊州、上虞、新昌等六个县市区，不仅拥有深厚的人文底蕴，也拥有迷人的自然风光。

心学大师王阳明曾在四明山中炼心悟道，史学大师黄宗羲曾在这里反清复明……四明山里发生的历史故事讲也讲不完。而崇山峻岭，茂林修竹，急湍飞瀑，湖泊潭塘，也孕育了这里极为丰富的植物资源，吸引了众多的草木爱好者前来探访。

从节气来说，现在虽然已过小寒，但地处江南的宁波，物候还在深秋初冬呢！城市里的许多落叶树种，颜色还在黄绿之间。而山林中的金钱松、银杏、水杉，应该黄金满眼了吧？那些枫香、乌桕、红枫是不是已经“霜叶红于二月花”呢？还有四明湖畔最美的水上森林是否已到景致最美的时候？想着这些草木的明媚模样，我和小伙伴们决定，周末去四明山邂逅有趣的草木。

枫香

金钱松

池杉——山水间的最美天际线

拍摄植物，最佳的时间是早晨七八点钟。此时，斜射的太阳光线最为柔和，而休息了一夜的草木，在早晨也最为生机勃勃，特别是在朝阳刚刚升起的时候，好多植物的叶片之上还挂着露珠，更显得楚楚动人。当天，我和小伙伴们起了一个大早，七点多，我们便到达了余姚市梁弄镇横路村的四明湖。这是个人工湖，面积近 20

平方千米，此时的四明湖，山水秀丽，水波浩淼。而我们最感兴趣的是生长在这里的一大片池杉林。

池杉是柏科落羽杉属落叶植物，它主干笔直，树形美丽。池杉和落羽杉、水松等是亲水森林景观设计的常用树种。池杉最大的特点是耐水、耐湿，它的根部长期浸泡于水中，却依然长势良好。池杉树叶变红时最美，我们这次来四明湖探访，正值池杉叶片变红，我们来得正是时候。远观四明湖，一层薄雾正氤氲于水面之上，天朗气清，太阳也恰到好处地露出了脸，照着树叶已然变得橙红的池杉林。一棵棵池杉，在阳光的直射下，犹如着了火一般。那一排排矗立在湖水之滨的笔直大树，在水面形成了一片片美丽的倒影，也在山水之间划出了一道动人的天际线。

四明湖池杉

各色野菊装点山野

逛完四明湖，我们回到进山之路继续前行。车子在山间公路盘旋上升，放眼望去，大自然已将山野染出一片斑斓之色。而山路两边，到处都是尽情绽放的菊科野花。微风吹来，它们似乎在向我们点头微笑。我们走走停停，不时地下车拍照。路边的山中野菊，大多是白中略带紫色的三脉紫菀。它们成片地开在山路两边的树林中和崖面上。偶尔，我们还会发现一丛丛黄色的千里光或野菊点缀其中。再向前走，我们惊喜地发现了陀螺紫菀。这是一种比三脉紫菀花朵更大、颜色更紫的野菊花，它的苞片排列如同陀螺一般。它们沿着枝条舒展，常常把自己开成了一条条美丽的花棒。这些美丽的野菊们，把山野打扮得如霞似锦，分外迷人。

①、②三脉紫菀；③野菊

紫花香薷——山野间的“小牙刷”

奇特的唇形科香薷属植物——紫花香薷，也不时在山野路头闪现。这种野花最有趣的地方，在于它的花序远远看来很像一把紫色的大牙刷。“牙刷”头的部分，是其枝生或顶生的穗状花序。花序之上，轮生了一排整齐有序的小紫花，并且都朝着同一个方向盛开，而四根雄蕊和雌蕊的花柱，都长长地伸出花冠之外，这些花柱看起来就如同牙刷的细毛。这些紫色的小“牙刷”闪现在山野间，让人不得不感叹造物主的奇妙！

紫花香薷

在山岗上感受自然律动

不知车子在山间盘旋了多久，我们终于来到了本次四明山草木之旅的目的地——商量岗。这是四明山一处海拔大约 900 米的山峰，传说，三位神仙曾经在此处商量大事，这个山岗因此被命名为“商量岗”。山岗上草木葱茏，风光秀丽。

“一山有四季，十里不同天”。这里海拔高，温度低，节气与北方同步。山下还是深秋初冬的景象，岗上的风景已然进入寒冷的隆冬了。景区入口处是一个大的山间平地，这里几乎没有什么游客，山上很冷清。但我们草木之友游山，却有自己的乐趣，我们不仅仅要放眼崇山峻岭，更要细察草木的变化，在草木之间感受四季的变幻，在山野之间探索大自然的律动。

西南卫矛——林中“小灯笼”

去山顶的线路，既有水泥公路，也有林中小路。去年这个时节，我们顺着公路徒步上山，发现了草珊瑚、百两金、牯岭凤仙花等高“颜值”的花草。今年，我们决定另辟蹊径，不走大路，顺着山谷，沿溪而行。我们在树林阴翳的林间小道探索前进，希望能有新的发现。就在流水潺潺的小溪边，我们发现了本次行程之中最惊艳的植物——西南卫矛。

这是一株小乔木，大约三米高，稀稀疏疏的绿叶之间，高高低低地挂满了粉红色的“小灯笼”。其实这些小“灯笼”不是花，而是西南卫矛裂开的蒴果。只是它们裂开的模样，恰似一朵朵娇美的垂丝海棠，在这萧瑟的寒冬时节，特别吸引人们的眼球。西南卫矛红色的果皮颜色之所以鲜艳诱人，主要是为了吸引鸟雀来啄食，以帮助其传播种子，这也是植物的智慧之处。

西南卫矛

提前萌动的山野精灵

踏着枫叶满地的小路继续前行。路边不时遇见一些颜色翠绿的植物。一株叶片深裂的南山堇菜，居然乱了季节，在此时开出了小白花。而本该春天才会见到的刻叶紫堇，以及叶片呈小铲子形状的繁缕，还有会结红果子的蛇莓，此时正长得新鲜、水灵。不知它们是否因为弄错季节而提前萌动，不知它们能否挨过这个寒冬。

路边还有很多野果，正以其诱人的风姿，吸引着山林间的雀鸟为它们停留。小叶石楠的叶子已经凋谢，只剩下晶莹剔透的小红果，

刻叶紫堇

繁缕

高高地垂在枝头。金银花的叶子和藤，还是那么毛绒绒，枝头结出了深蓝色的浆果。最吸引我们的，当然是来自山野间的美味——满山的高粱泡、铺地的寒莓，它们一丛丛、一串串，恣意地在山野边生长，伸手可摘。我们将这些酸甜可口的果实一颗颗放进嘴里，尽情地享受着来自大自然的馈赠。

一抹玫红，一抹金黄

穿过山间小路，我们最终到达目的地——蒋宋别墅区。只见冬瓜湖的湖水清澈，岸边生长着高大挺拔的金钱松，松树已经落光了叶子，而林中点缀着一抹抹玫红色，正是云锦杜鹃涂鸦的杰作，云锦杜鹃的叶子如碧云一般集生在枝顶，花苞上还绽放出一抹玫红色。云锦杜鹃点缀在松林间，在湖面投下斑斑倒影。

别墅前的那几株高大的银杏树，正光着枝桠，兀然挺立。银杏树金黄的落叶，铺了一地。门前的两株鸡爪槭，只剩下了枝枝丫丫，桂树倒还是郁郁葱葱。历史的风云，或许被雨打风吹去，或许还停留在那些大树的年轮里。

此次四明山之行，让我明白，只要心系草木，热爱自然，不管

①高梁泡；②寒莓；③、④云锦杜鹃

银杏

什么季节，不论何种天气，随时随地都可以翻开自然这本大书。只要我们走出城市，进入山野泉林，投身大自然的怀抱，就能欣赏到各种美景，邂逅各种有趣的植物。用心感受草木自然，生活就会充满惊喜和乐趣！

文 / 胡冬平

延伸阅读

寿命最短的植物是一种叫短命菊的菊科植物，生长在非洲的撒哈拉沙漠。沙漠的雨量非常稀少，只要有一点湿气产生，短命菊的种子就会立刻发芽生长，并在几个星期内完成发芽、生根、成长、开花、结果、死亡的生命周期。

天柱山：地球泄密者

在安徽省西南部，天柱山的“三块石头”支撑起她独特的气质。

这一来自地球深处的自然密码，让人们得以一窥地球的秘密。

见证地质变化的岩石

在天柱山新店地区，一块榴辉岩在阳光下散发着古朴深沉的光泽，随着地质锤的敲打，深藏其中的金刚石露出身影——这一发现是全世界第 2 例，证明这块岩石曾经抵达地幔，在高温、超高压的条件下完成神奇的变化，而后折返地面，成为天柱山古老地质运动历程的见证者。

在距今 2.5 亿 ~ 2 亿年前的三叠纪，地壳运动活跃，扬子、华北板块间规模庞大的碰撞，造就了典型的陆 - 陆碰撞造山带——大别造山带。在这一阶段，扬子板块俯冲至华北板块之下，扎进地表以下深度大于 80 千米的地幔中。

地表的岩石经历了高温和超高压的锻造，成为超高压变质岩。同时，金刚石、柯石英等矿物在地幔的高温、高压环境中形成，继而被榴辉岩层层包裹，成为超高压变质岩的一部分，将“地心世界”的秘密藏于其中，让科研人员能够窥见地球深处的变化。

到了白垩纪，地质构造运动导致岩浆喷发，大量花岗质岩浆入侵，成就了天柱山地区广泛分布的花岗岩体。俯冲结束后折返地壳底部的超高压变质岩，在造山运动下出露地表，让天柱山成为世界

片麻岩（岩浆岩或沉积岩经深变质作用而成的岩石）中的榴辉岩（制图 / 脚爬客）

硬玉石英岩及切片显微照片（制图 / 脚爬客）

上规模极大、保存较好的超高压变质地体之一。

花岗岩、榴辉岩、沉积岩，代表着“天柱山型”花岗岩地貌、超高压变质岩、潜山古生物群三大世界级珍贵地质景观和遗迹、古生物遗迹。这些重见天日的岩石让人类意识到地球深处的地质变化过程，这一发现也导致了现代超高压变质理论的形成和现代地质学的伟大变革。

随着郯（tán）城 – 庐江断裂带（郯庐断裂带）的运动，大地被切开，使大别山造山带向北发生约 550 千米的走滑运动，形成了今天所见的大别—苏鲁造山带地质构造。

断裂带活动深刻影响了天柱山的地貌地形，群山与盆地泾渭分明，构成了天柱山鲜明的地表格局。

天柱山西侧山体抬升，形成花岗岩峰林地貌。由于构造活动及长期的风化剥蚀作用，使得花岗岩峰林崩塌脱落，奇石、洞穴星罗棋布，形成“天柱山型”花岗岩地貌景观。

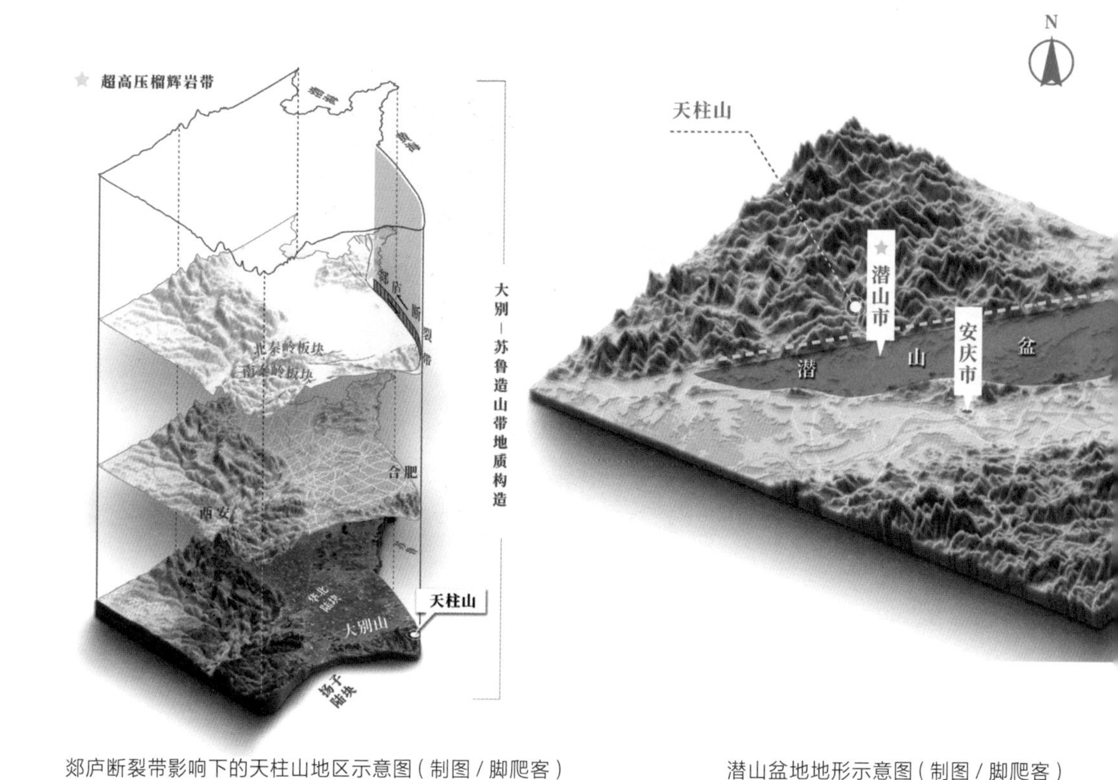

郯庐断裂带影响下的天柱山地区示意图（制图 / 脚爬客）

潜山盆地地形示意图（制图 / 脚爬客）

天柱山东侧在断裂带活动中下降，形成了潜山盆地，并进一步形成河湖相冲积平原。这处盆地，如今看来貌不惊人，但在新生代时期，却书写了哺乳动物历史上的重要篇章。

哺乳动物的曙光之地

1966 年，潜山盆地的古新世脊椎动物化石被人们发现，由此掀开了长达数十年的古生物化石发掘工作的序幕。这也是天柱山被称为“亚洲哺乳动物发源地之一，古脊椎动物化石宝库”的由来。

白垩纪末（距今 6600 多万年前），生物大灭绝事件结束了中生代的恐龙纪元。生态系统中突然出现大量空位，哺乳动物们迎来它们的曙光时代。于是，在新生代的第一阶段——古新世，新一轮的竞争和演化开始了。

古老的潜山盆地水热充足，良好的植被资源给哺乳动物提供了丰富的食物和栖息场所，就在这狭长的湖沼与山林之间，哺乳动物们需要为自己的家族开拓希望。

哺乳动物们从恐龙的阴影中走出，迅速开枝散叶，走上了不同的进化之路。

有的哺乳动物继续保持小巧且灵活的身躯，拥有了更加广阔的生存空间，如东方晓鼠和安徽模鼠兔，它们是最接近啮齿类和兔形目祖先的动物。

怀宁原猛鳄复原图（下）及头骨化石（上）（制图 / 脚爬客）

潜山安徽龟化石（制图 / 脚爬客）

东方晓鼠复原图（左）与头骨化石（右）（制图 / 脚爬客）

安徽模鼠兔复原图（上）与头骨及局部化石（下）（制图 / 脚爬客）

有的哺乳动物则是将身体变大，或食草或食肉，进化成不同的模样。而爬行动物和鸟类选择适应环境的变化，将古老的基因传承下去。

远古的安徽大地上，曙光乍现，万灵共生，无数古老的动物进行着笨拙的尝试，去探索生命的进化可能。但是也正如曙光一样，大多数动物仅在古新世“昙花一现”，没能延续到下一个新时代，就沉淀在了天柱山千万年的历史中。留下的东方晓鼠和安徽模鼠兔两类化石，证明它们与现生动物有着千丝万缕的关系，让人们得以追溯生命进化这一宏大主题。

“两河一山”的生态之地

天柱山也是绝美的生态之地。在广阔的江汉、江淮平原交汇处，天柱山陡然兀起，迎着海洋气息的季风，为这里带来了丰沛的降水，降水沿着山川之形，汇成皖河两大主要支流：皖水和潜水。潜水经过千百年的治理和调蓄，灌溉出潜山这块灵宝之地。天柱山孕育了丰富的生物多样性资源，并构建了一方自在的自然王国。潜水、皖水与天柱山形成了独特的“两河夹一山”的景观。

绿彩覆盖下的天柱山森林广布，浓度极高的负氧离子涤荡心肺。在这山石草木之间，曾被认为灭绝的安徽麝重新被发现，并被合理保护起来；勺鸡、白冠长尾雉漫步灌丛；蓝喉蜂虎，这一国家二级保护物种的家园也在潜水。生态文明建

蓝喉蜂虎（摄影 / 赵凯）

设如火如荼，天柱山俨然成为长江中下游的“绿心”之一。

2011 年天柱山入选世界地质公园名录。天柱山，不只是大自然的杰作，更是人与自然和谐相处的典范。

文 / 黄波　程小青　黄雯

供图 / 天柱山世界地质公园

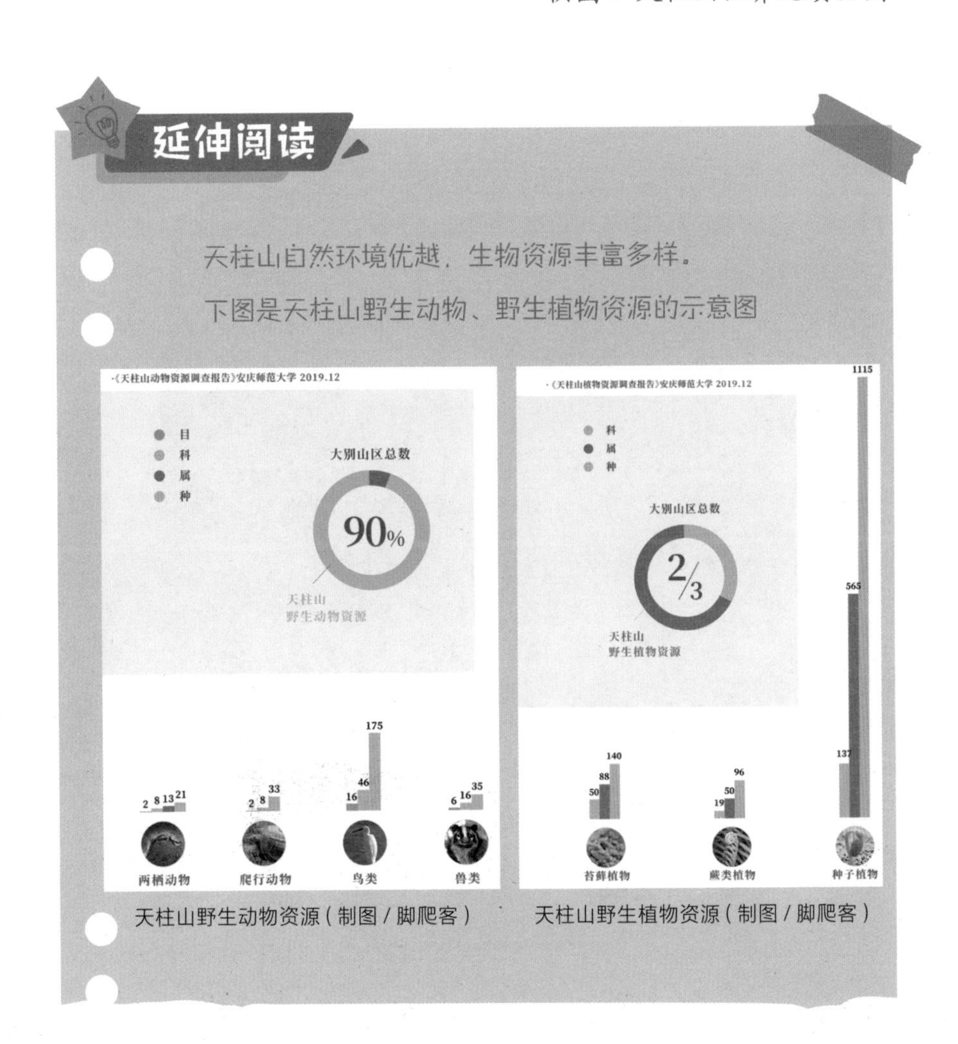

天柱山野生动物资源（制图 / 脚爬客）　天柱山野生植物资源（制图 / 脚爬客）

腾龙洞：曲径通幽的地下秘境

长江的一级支流清江，发源于湖北省恩施土家族苗族自治州利川市，在湖北省宜都市汇入长江。清江造就了沿途不计其数的壮阔景观。现在，让我们走进其中久负盛名的腾龙洞大峡谷世界地质公园，探腾龙奇洞，观十里峡谷吧！

“卧龙吞江”与气势磅礴的地下迷宫

清江，古称夷水，又名盐水，因“水色清明十丈，人见其清澄”，故名清江。但在经过腾龙洞时，清江竟陡然深入地下，形成长达16.8千米的伏流，这一震撼的地质奇观被称为“卧龙吞江”。腾龙洞是中国已探明的最大溶洞，在世界已探明的最长洞穴中排名第七，是世界特级洞穴之一。

溶洞是石灰岩地区地表水和地下水长期溶蚀的结果。石灰岩的主要成分之一是碳酸钙（$CaCO_3$），碳酸钙是难溶于水的固体，它与

腾龙洞的水洞和旱洞

水、二氧化碳反应会变成碳酸氢钙[$Ca(HCO_3)_2$]，化学方程式为：$CaCO_3+CO_2+H_2O=Ca(HCO_3)_2$。碳酸氢钙易溶于水。在自然界中，二氧化碳无处不在，地下水和雨水中都有二氧化碳溶解于其中，它们对石灰岩地区长期溶蚀，就形成了溶洞。

清江在地下冲刷出复杂的水系通道，形成了腾龙洞的“水洞”。与水洞相对应的还有一个“旱洞”，同样是腾龙洞的重要组成部分。它曾是清江河道，但在地质历史时期，由于地质运动带动腾龙洞地区的抬升，清江因此改道，原来的河道逐渐干涸，河流冲刷出的地下迷宫形成了现今腾龙洞的旱洞。它的内部包含多层洞穴系统且支洞繁多，稍不注意就容易迷路。

尽管在清朝光绪年间（1884 年）就有采硝（硝是一种制造火药的原料）者进入腾龙洞的记录，但是直到 20 世纪 80 年代，科考人员才逐步揭开腾龙洞神秘的面纱。

藏在山洞里的物理学

人们在腾龙洞的后段，发现了一座洞中山。这一神奇景观的形成原因是，腾龙洞内部洞顶有部分岩体垮塌，经年累月就堆积成了一座小山包。又因有时半空中会突然飘来一阵浓雾，来无影去无踪，这座洞中山得名“妖雾山”。而且，每当浓雾来袭，不久之后就会下雨，有着预报天气的作用。

这是因为腾龙洞内部并不是一个封闭的空间，有许多裂隙和小洞与外界相通，且洞内温度常年维持在 12 摄氏度左右。当外界天气晴朗时，山洞内的气压较高，空气不易流入，没有雾气产生。到了阴雨天气，温度降低，洞内气压也随之降低，外部较热的空气流

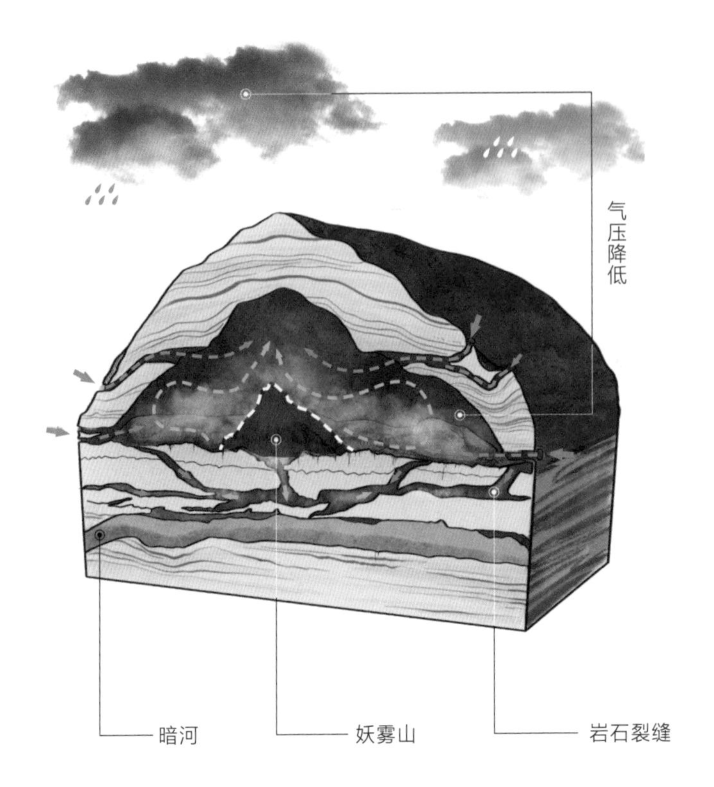

产生雾气的原理示意图（供图 / 脚爬客）

入山洞，冷热气流交汇就形成了雾气。

除此之外，当地自古就有“洞内有龙骨”的传说，且就在妖雾山的后面，腾龙洞的名称也由此而来。专家经过考察与鉴定，发现所谓“龙骨”其实是第四纪哺乳动物化石群。

地球上的美丽伤痕

穿过腾龙洞，沿清江而下，就来到了宏伟开阔的恩施大峡谷，峡谷的两侧相距不远，却形态迥异。

七星寨一侧，石柱成群、密集分布、丛列似林、刚劲挺拔、棱角分明。其中最引人注目的当属“一炷香”，它的高度为 150 米，柱体底部直径为 6 米，最小直径只有 4 米，整体上宽下窄，看起来十分不稳固。但它已经在此处屹立亿万年了。根据地质学家的考证，这根石柱的岩石是三叠纪（距今 2.5 亿 ~ 2 亿年）的灰岩，从恐龙横行的年代保留至今，见证了此地的时代变迁。

而另一侧的区域中只屹立着一根石柱——“朝天笋”，它高约 150 米，柱径 5 ~ 20 米，与对侧连绵起伏的石柱群形成了鲜明对比。

除了高耸挺立的石柱，峡谷中还有一段云龙河嶂谷，也被称为云龙河地缝。不同于一般地缝的上下宽窄不一，云龙河地缝上下垂直角度基本一致，断面呈 U 字形，十分罕见。而在地缝之上，有 8 条支流与主流下切不同步而呈悬瀑，两岸夹峙，让人不禁想起唐代诗人李白的名句“飞流直下三千尺，疑是银河落九天”。

据研究，云龙河地缝至少形成于 5000 万年前，从地缝顶部到地缝底部的地层主要是形成于 2.9 亿 ~ 2.1 亿年前、跨二叠纪与三

叠纪的灰岩，是世界上唯一两岸不同地质年代的地缝。那云龙河地缝是如何形成的呢?

专家推测，云龙河地缝很可能是伏流造成的溶洞坍塌形成的。很多年前，此处的地层之下，伏流不断掏蚀着石灰岩层，逐渐形成幽深的溶洞隧道，伴随着山体抬升和水流溶蚀作用等因素，溶洞顶部最终坍塌，形成地缝。

云龙河地缝也被地质学家誉为“地球上最美丽的伤痕”。

湖北恩施腾龙洞大峡谷世界地质公园的建立，更好地保护了当地独特的自然景观和珍稀动植物，并以其独特的魅力为更多人所知，新的故事正由人与自然共同续写。

文 / 李平　姚远

延伸阅读

消失多年的“活化石”——水杉

在清江的发源地利川，还有一段关于植物界的“活化石”——水杉的传奇故事。

水杉现在是国家一级重点保护野生植物，但在20世纪之前，水杉曾被认为早已灭绝。直到1941年，植物学家干铎在湖北利川发现了一株奇特的落叶大树，后经植物学家胡先骕、郑万钧鉴定，确认这棵奇特的树正是被认为早已灭绝的水杉，一时轰动世界植物学界。

水杉之所以被称为植物界的“活化石”，是因为它对于古植物、古气候、古地理和地质学，以及裸子植物系统发育的研究均有重要的意义。现在随着水杉的广泛引种，消失多年的“活化石”又重新在中国乃至世界各地活跃起来。而利川地区作为世界上唯一现存的水杉原生种群栖息地，依然具有重要的科研、保护价值。

武夷山：传奇保护区

武夷山地处福建省和江西省交界地带。这里保存着地球同纬度带最完整、最典型、面积最大的中亚热带原生性森林生态系统。武夷山国家公园保存着大量古老和珍稀的植物物种，其中很多是中国独有的，这里还生存着大量爬行类、两栖类和昆虫类动物，被誉为生物避难所。接下来，就让我们一起相约武夷山，开始保护区大冒险吧！

“中国甲虫长臂猿”阳彩臂金龟

刚进武夷山自然保护区内的中国昆虫学第一营地，我们就遇到了此行的第一位“小伙伴”——阳彩臂金龟。它是鞘翅目、金龟科、彩臂金龟属的一员，生活于常绿阔叶林中，分布于中国福建、江苏、浙江等地。该物种体型巨大（与其他甲虫相比），呈闪耀的金属铜绿色，间有黄色斑点，尤其是雄性的前足长而发达，外形奇特而威武，有“中国甲虫长臂猿”的美誉。

1982 年，它们曾被宣布野外灭绝，尽管随着中国生态环境保护力度的加强，阳彩臂金龟的栖息地状况得到很大改善，但野外种群量仍不容乐观。2021 年 2 月颁布的《国家重点保护野生动物名录》中，阳彩臂金龟仍属于国家二级保护动物。大家在野外看见它时请文明观赏，切勿动手。

和阳彩臂金龟同属于彩臂金龟属的格彩臂金龟，在国内同样是个“稀客”。不过，只有雄性的成虫才长有“大长腿”。当雌虫爬出树洞以后，雄性的成虫会立刻用这对“大长腿”把雌性抱住，方便进行交配。

阳彩臂金龟最特殊的部位是它那长长的前足（供图 / 陈睿）

“蝶之皇后”金斑喙凤蝶

金斑喙凤蝶是中国蝶类中唯一的国家一级保护动物，属于世界八大名贵蝴蝶之一，有着“梦幻蝴蝶”和“世界动物活化石”的美誉。金斑喙凤蝶属凤蝶科喙凤属，它生活在海拔1000米左右的常绿阔叶林山地，仅分布在中国南方的少部分省份。

雌性金斑喙凤蝶（供图 / 陈睿）

幸运的是，我们居然在武夷山营地中亲眼看到了一只金斑喙凤蝶。

上山途中，突然有人喊道：“看，有蝴蝶！”大家抬头一望，一只翩翩飞舞的黄绿色凤蝶映入眼帘。直觉告诉我，如此姿态优美的蝴蝶，一定是传说中的金斑喙凤蝶了。

雄性金斑喙凤蝶（供图 / 陈睿）

不一会儿，它就停歇在了草丛间。我们悄悄凑过去仔细看了看，只见这只金斑喙凤蝶的翅上布满绿色或黄绿色的鳞片。前翅中央有一条弧形的黄绿色斑带；后翅中央有一块醒目的金黄色斑块，实在是美极了！

金斑喙凤蝶多稀有呢？科学家们对它所知甚少，很多研究人员可能毕生都不曾见过它的真容。中国发行的纪念邮票曾多次使用金斑喙凤蝶的形象。1963 年的“特 56”蝴蝶邮票，和 2000 年的中国一级保护动物特种邮票都有金斑喙凤蝶的身影。此外，1999 年，中国人民银行还发行过金斑喙凤蝶的纪念币。

知识链接

世界八大名贵蝴蝶都有哪些？

塞浦路斯闪蝶是鳞翅目，蛱蝶科，闪蝶属的一种蝴蝶，仅分布于巴拿马和哥伦比亚，被称为蝶中的“蓝钻石”（图片来源 / 长江文明馆）

蝴蝶被誉为浪漫的昆虫，不同种类的蝴蝶外观和大小都存在着很大的差别。据不完全统计，世界上有八种极其名贵的蝴蝶，它们是塞浦路斯闪蝶、玫瑰水晶眼蝶、非洲长翅凤蝶、双尾褐凤蝶、极乐鸟翼凤蝶、海伦娜闪蝶、皇蛾阴阳蝶以及金斑喙凤蝶。

植物中的“活化石”——红豆杉

当大家漫步在林间步道时，突然，一棵棵长着红彤彤“小果子”的植物映入眼帘，“小红果子能吃吗？”大家都对此充满着疑惑。其实要知道野外的果子能不能吃，首先得知道这是什么植物。没错！这种结的果像红豆一样的植物就是大名鼎鼎的红豆杉。

红豆杉起源于白垩纪，历经第四纪冰期而遗留下来，成了珍稀的孑遗树种。全球红豆杉属的植物一共 16 种，中国分布有 11 种，其中武夷山地区分布的南方红豆杉是中国特有种。红豆杉这个名字，起得极具迷惑性，它们既和红豆没什么关系，也不是杉科植物——它们属于自成一派的红豆杉科。红豆杉是一类裸子植物，它们只有种子，没有果实。因此，那些众人口中所谓的“红果子”其实是它们的假种皮，内部包裹的“核”是它们真正的种子。

大多数人听说红豆杉都是因为一种极具药用价值的化学物质。20 世纪，科学家们从红豆杉的枝干、种子中提取出了紫杉醇，发现紫杉醇具有抗肿瘤的作用。网络上也曾一直热传“红豆杉树皮泡水喝可以治病”的言论，实际上，红豆杉中的紫杉醇含量很低，而且不溶于水或酒精。因此，红豆杉不管是泡水还是煮酒，都不会起到药效，相反可能还会有副作用。红豆杉全身上下只有红色的假种皮是可以食用的，味道有点甜，其余部位都是有毒的。

正因为紫杉醇的发现，让这种古老的树种遭受了毁灭性砍伐。人类的过度砍伐使红豆杉的数量急剧下降，部分地方的野生群体甚至已经灭绝。在中国，红豆杉已被列为国家一级重点保护野生植物，堪称“植物中的大熊猫”。

红豆杉所谓的“红果子”其实是它们的假种皮，内部包裹的“核”是它们真正的种子

武夷山国家公园是世界著名的生物模式标本的产地，尤其以种类众多的动物模式标本而闻名于世。无论是从物种多样性、遗传多样性，还是从生态系统多样性来说，武夷山国家公园在中国生物多样性保护中都具有关键意义。

文 / 王谢爽　陈睿

什么是生物避难所？

在地球的演化过程中，温度经常发生较大的波动。温度较低的时期，地球表面物理与气候条件发生显著的改变，高纬度地区常会有大陆冰原形成，高海拔山区会形成山地冰川，生物的分布区域、面积和种群大小也因此发生改变：高纬度地区的生物向低纬度地区转移和压缩。随着冰川的消退和温度的回升，幸存生物的分布范围开始扩展并重新扩散。生物避难所指的就是冰期（具有强烈冰川作用的地史时期）时，动植物们为了逃避恶劣气候而相对集中的地区。

在地球历史上的多次冰期中，以第四纪冰期对全球现代生物类群的影响最大。由于中国的地形条件复杂，存在许多东西走向的山脉，这些山脉形成了一道屏障，成为很多生物的天然避难所，大大降低了冰期气候对生物的影响，武夷山便是其中的代表。

武夷山中的黄腹角雉，为中国特有物种（供图 / 陈睿）

九华山：天河挂绿水 灵山开九华

在安徽，有一座山，深得“诗仙”李白的青睐，这便是九华山。九华山原名九子山，李白与友人初临此地，感叹景色秀美、巍峨耸立的九座山峰好似盛开的莲花，便赋诗一首，赞誉其“妙有分二气，灵山开九华”，从此，“九子山”便更名为“九华山”。此后，李白一直对九华山恋恋不忘，又故地重游。为饱览九华山美景和寻仙访道，李白在这里建草堂隐居，留下了诸多遗迹、逸闻和诗篇。“昔在九江上，遥望九华峰。天河挂绿水，秀出九芙蓉”极好地描绘了九华山的壮丽景观，而留下他足迹的太白书堂、太白井、太白洗砚池等景点也是九华山浓郁地方文化的重要组成部分。

九华山独特的地理位置和特色的地貌景观，不仅吸引了文人雅士，也孕育了丰富的九华山文化。今天，九华山更是走向了国际舞台，它作为地质地貌与地域文化相融合的典范模式地，2019 年 4 月 17 日被联合国教科文组织评选为世界地质公园。九华山山与人的和谐融合究竟有何种魔力呢？故事可能要从 1 亿年前说起。

骤升剧降的“峰 – 丘 – 盆”地貌

九华山山体的形成要追溯到 1.4 亿年前的中生代，当时地球正处于地质运动较活跃的时期。太平洋板块向亚欧板块俯冲，巨大的压力和极高的温度使得中国东部下地壳熔融形成岩浆。汹涌的岩浆沿着地壳的裂隙上涌，然而岩浆的动力不足以支撑它们冲开地壳的层层束缚，岩浆最终耗尽力气，在地底下逐渐安静下来，冷凝成为花岗岩。在随后的几千万年岁月里，这样的岩浆活动发生了好几期，规模有大有小，最终奠定了九华山山体的基础——青阳 – 九华山复式岩基。

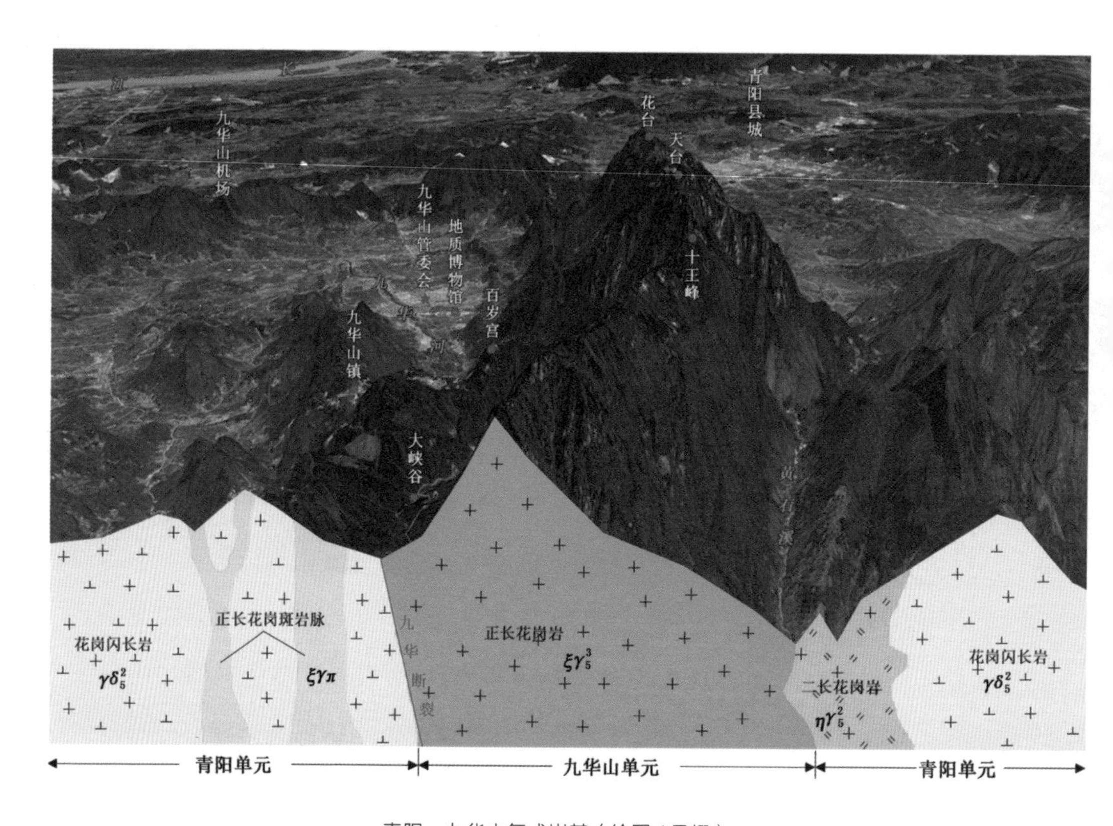

青阳 – 九华山复式岩基（绘图 / 孟耀）

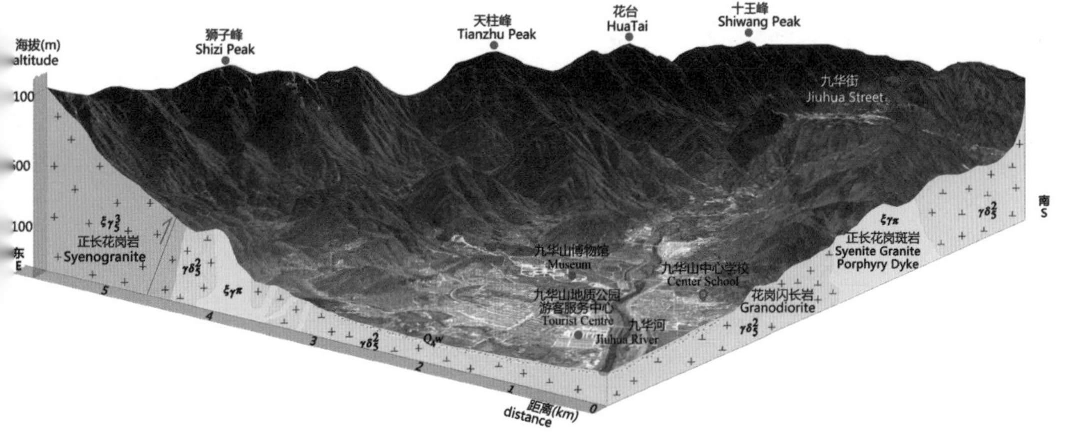

九华山“峰－丘－盆”地貌结构（绘图／孟耀）

新生代以来的喜马拉雅运动对九华山地区的影响巨大。地壳发生了差异性升降，风化侵蚀作用剥去了花岗岩岩体上部的沉积岩，岩体终于见到天日。斗转星移，在断裂活动和风化、流水作用下，九华山变成了我们现今看到的模样。

九华山山体南北绵延伸展近 30 千米，凸显了断块地貌的雄姿。山体隆升剧烈，在直线距离不足 6 千米的范围内，完成了从盆地（平均海拔 30 米）到丘陵（平均海拔 270 米），再到山地（平均海拔 1000 米以上）的地貌变化，形成壮观的“峰－丘－盆”地貌结构。九华山山峰多奇特俊秀，有大小山峰 71 座，形态各样。丘陵和盆地是九华山断裂的下降盘，经过长期的风化、侵蚀、搬运、堆积而成。高耸的花岗岩地貌奠定了九华山的地貌骨架，为动植物的繁衍生息提供了栖息地。花岗岩台地为九华山的建筑提供了场地，丘陵和盆地则为人类提供了开阔的生产、生活场所，促进了九华山文明的发展。

九华冰斗——第四纪冰川遗迹？

新生代以来，全球发生过多次寒冷气候事件，形成大规模的冰川活动。尤其第四纪冰期，影响了现今许多地区地貌的形成。

200 多万年前的第四纪冰期，九华山被埋在银白色的冰雪之下，年复一年，冰雪越积越多、越积越厚，于是巨大的固体冰流顺着山坡缓缓向下，它以巨大的创造力量，对它经过的山坡、谷壁进行刻蚀，留下了许许多多的冰川地貌景观。当冰雪消退，大部分冰川

遗迹在百万年的岁月中被大自然抹平消失，然而这三面环以峭壁、呈半圆形剧场形状的九华冰斗却遗留下来。九华冰斗面积约 4 平方千米，开口向北，南侧为芙蓉岭、东侧为插霄峰，中部地势平坦。

20 世纪 30 年代，中国地质学家李四光教授考察了庐山、黄山、天目山、九华山等地，认为九华山存在九华冰斗、桥庵的 U 形谷及终碛堤等冰川遗迹。在九华山的外围，1 ∶ 20 万的《安庆幅》区域地质调查发现有中更新世冰碛成因的泥砾层，砾石磨圆度较差，大多为棱角状、熨斗状，与河流、洪积砾石形态迥异。

坐落于九华街冰斗内的九华镇（摄影 / 吴晓刚）及其演化历程（绘图 / 孟耀）

九华山闵园峡谷内的冰川漂砾

但一直都有学者对九华山是否存在冰川遗迹持怀疑态度，认为这里的遗迹不是冰川作用的结果，而是另有成因。

地貌影响建筑布局

冰川遗迹对九华山部分地区的地貌及人类的居住格局产生了深远的影响。

九华山地势起伏较大，切割较深，多为陡峭山峰、山间盆地、沟谷、瀑布等。受到此类地势制约，花岗岩台地和山间盆地往往成为建筑的理想选址地，比如民居建筑多选址在山间盆地；也有部分建筑依山势巍然屹立在悬崖峭壁旁。

东晋时期，九华山地区的人们垦田耕种，在芙蓉岭下创建茅庵，从此九华冰斗内开始有了人类活动。唐朝时期，古新罗国王子金乔觉来此地修行，建化城寺，以化城寺为中心，人们开始在九华冰斗内聚居，逐渐演化成了如今九华街建筑林立、依山形分布的建筑格局。

九华冰斗内，有冰川作用形成的一系列串珠状池塘谷地，并通过溪流串联起来蜿蜒展布。人类的聚居通常是以水源地为中心，化城寺于池塘高坡处首建，后有月身宝殿、祗园寺、旃檀林、上禅堂等国家重点寺院建筑，与串珠状池塘溪谷两岸线性展布的徽派民居构成九华老街，这是地貌影响建筑展布的典范。

百岁宫：石筑古堡立山间

传统的宗教建筑讲究中轴对称，受自然因素制约，九华山的宗教建筑则是依山而建，形成了独特的宗教建筑风格。百岁宫是其中

具有独特建筑风格的百岁宫（摄影 / 政农影像）

的典范，它坐落于九华山插霄峰花岗岩台地，是典型的皖南民居式的五层寺庙，主体建筑利用由南而北坡降的地形，楼层由低而高，主房梁直接镶嵌于坚硬的花岗岩上。远观其似通天拔地的古代城堡。这种建筑形制在中国现存寺庙建筑中极少见，岩石与建筑、建筑与山峰有机结合，巧夺天工，令人赞叹。

建在花岗岩台地上的天台和拜经台（摄影 / 政农影像）

净信禅寺：青麻石造就古寺院

古代交通不便，修建大型建筑多是就地取材。九华山山体主要由花岗岩组成，其本身特点就是抗压强度高、吸水率低、表面硬度大，适宜作为建筑材料，这也是九华山地区独有的原材料优势，因而，由花岗岩石材修筑的建筑十分常见。始建于唐朝的净信寺，大殿为全石结构，不仅四壁为青麻条石垒砌，而且整个殿宇的梁、柱、斗拱皆系青麻石凿成，有的梁、柱一人合围粗细，并有云纹雕刻图案。

徽派饮食特色鲜明

九华山山形陡峭，在极小的范围内，海拔从 50 米迅速上升至 1344 米。

不同的海拔高度为农作物提供了优质的水源和土壤，食物资源丰富。低海拔的水域内生活着鳜鱼等鱼类；海拔 200~700 米处生长着竹笋、茶树、黄精等；在悬崖峭壁的裸岩上还生长着石耳。再加上九华山所在的地理位置，在历史上长期受到吴越、荆楚、徽文化等诸多地域文化的影响，从而使九华山地区形成了多元融合而又特色鲜明的徽派饮食文化。

徽菜重油、重色、重火功，而且选料精良，制作考究，尤其注重原料的产地、季节、鲜度、部位、品种等，擅长炒、炸、烧、炖、溜、焖，加上火腿佐味、冰糖提鲜、料酒除腥引香，使徽菜的风味更加鲜明。徽菜文化在九华山的独特地貌环境下变得更独特了。

山水造就莲花佛国

九华山“峰－丘－盆”地貌所具有的山－林－水形，满足了佛教道场追求的“雄奇、清秀、滋润、静谧”的重要条件。

“雄奇”是指九华山在 6 千米直线距离内实现了拔地而立的 1000 米高差与绵延近 30 千米的南北向山峰林立，在垂直节理的作用下，花岗岩山峰峻丽陡峭，或柱状、或锥状、或穹状，常隐没在云雾之中，颇有“浮云似海山作船，风起云涌浪触天”的气势。“清秀”

是指九华山高差1000米的层次分明的茂密的森林植被与好似九朵莲花的山峰群，诗仙李白也多次作诗颂赞。九华山因群峰状如九朵莲花，被定名“九华山”，因其与佛教的深厚渊源被称为“莲花佛国”。“滋润”是指九华山处于亚热带季风气候区，降雨丰沛、气温温和，四季缭绕的云雾与流淌不止的溪流，成为万物生长的源泉。“静谧”则是指九华山位于皖南山区和长江中下游平原的过渡地带，虽然靠近长江繁忙的黄金水道，却在群峰的掩映下成为远离尘世的世外桃源。

仙人晒靴

与此同时，当地居民运用智慧给冰冷的岩石赋予了鲜活的文化内涵，形成了特色鲜明的象形石景观。目前，九华山已经发现的象形石多达44处。其中典型的有风化剥蚀形成的石佛观海、崩塌残留形成的仙人晒靴、滚石风化形成的大象出林等。

九华山耸起于长江中下游南岸，这里山形高低错落有致、物产资源丰富多样，历史文化源远流长。九华山是“绿水青山就是金山银山”的范本，是人与自然和谐相处模式地。

文/孟耀　王子奇　章寅虎

延伸阅读

佛教是世界三大宗教之一。

我国的佛教名山主要有：供奉文殊菩萨的山西五台山、供奉观音菩萨的浙江普陀山、供奉普贤菩萨的四川峨眉山、供奉地藏菩萨的安徽九华山，这四座山并称为“中国佛教四大名山”。

随着生活水平的提高，摄影爱好者大量增多，单反已经进入千家万户，其中不乏一批爱鸟之人为了拍摄到美丽的鸟儿，走南闯北，顶着烈日埋伏潜行，只为得到一张完美的“鸟类写真”。那么究竟怎样才能拍到满意的“鸟片”？通过哪些方式可以捕捉到好的效果呢？

国内外常见的鸟类拍摄方式

多年前，随着单反相机数码化的变革，鸟类拍摄在国外流行起来，一些发达国家建立起各类观鸟的摄影组织，也开发出一系列鸟类摄影的拍摄方法。如匈牙利的著名鸟类摄影师本彩·马泰的制造水池拍摄方案、双面镜隐身拍摄方法；日本鸟类摄影师的一系列诱拍法，主要用于拍摄鸟类喂食和捕食。

现在，国内的摄影师也在效仿与革新，开发出一系列针对不同鸟类、不同时期行为习性的拍摄方法。比如：部分摄影师根据繁殖季节的鹃形目等鸟类通过鸣叫占领领地这一习性，播放相应的鸟鸣声来吸引一些平常无法拍摄到的鸟类出现，这也是国内较为常见的拍鸟方式。当然，一定要以不伤害鸟类为前提来进行。

相对的，有些拍摄方式是我们极力反对和抵制的。在国内，有些摄影爱好者过于追求照片质量，想拍摄鸟儿飞行的完美姿态，便在诱拍时将饵料用大头针穿插在树木之间，鸟儿不容易吃到食物，导致有些鸟连同大头针一起吃下，酿成惨剧，这是非常残忍的做法，我们应该严厉拒绝并抵制。生态之美，美在自然和谐，为了一己私利导致被摄物的重伤或死亡就是十分自私的表现了。

拍摄鸟类通常需要的器材

关于镜头

如果有条件的话，拍摄鸟类最好以一台对焦和操作便利的全画幅单反相机为基础，镜头搭配尽量以大光圈超远摄定焦为宜。一是超远摄镜头能将被摄体“拉近”，因为拍摄时哪怕是埋伏在离鸟类仅 3 米远的距离，有些品种的鸟依然很小，用常规镜头难以拍摄清晰；二是定焦镜头有着变焦镜头无法比拟的细节表现和高速对焦性能；三是鸟的习性常导致“有鸟无光，有光无鸟”的情况发生，大光圈超远摄镜头（最大光圈 F4 或更大）可以减少不必要的高感光度 ISO 的使用，能拍出细节清晰锐利、光线充足的品质照片。

关于快门

拍摄鸟类时，由于使用了超远摄镜头，所以在拍摄的大部分情况下，无需担心背景虚化的问题。可是，因为鸟类的运动能力强、速度快，在拍摄体型较小的鸟类时，容易发生因快门速度不够而导致无法凝固细节姿态的情况，所以快门尽量保持在 1/1000 秒左右，少数情况如无风吹和枝条摆动的情况下，可以适当降低一挡到两挡快门（降至约 1/250 秒），

如果遇到体积更小的鸟类，快门速度则需要更高。

关于灯光

通常，鸟类对于高速闪光灯的照射并不敏感，因为有些鸟类会以为那是闪电，所以并无大碍（前提是闪光灯要做相应的伪装处理，并且闪光输出不宜太近，否则能量太高，同样会影响鸟类）。而一些体型小的鸟类，对闪光的输出能量非常敏感，如雀形目山雀科的鸟类，拍摄这些鸟类时最好避免使用额外的补光工具。

本文重点介绍了单一一种鸟类的摄影，其实拍摄任何题材都不是眼见那般容易，需要付出才能有收获和回报，希望通过这些生动美丽的“鸟片”，唤起更多观鸟爱鸟朋友的生态保护意识。

文／周权　摄影／周权